欲望分子多巴胺

帶來墮落與貪婪、
同時激發創意和衝動的賀爾蒙，
如何支配人類的情緒、行為及命運

DANIEL Z. LIEBERMAN MD
MICHAEL E. LONG

丹尼爾・利伯曼　麥可・隆

How a Single Chemical in Your Brain
Drives Love, Sex, and Creativity--
and Will Determine the Fate of the Human Race

The Molecule of More

劉維人、盧靜——譯

科普漫遊 FQ1075

欲望分子多巴胺

帶來墮落與貪婪、同時激發創意和衝動的賀爾蒙，如何支配人類的情緒、行為及命運

The Molecule of More: How a Single Chemical in Your Brain Drives Love, Sex, and Creativity--and Will Determine the Fate of the Human Race

原著作者 丹尼爾・利伯曼（Daniel Z. Lieberman MD）、麥可・隆（Michael E. Long）
譯　　者 劉維人、盧靜
副總編輯 謝至平
責任編輯 鄭家暐
行銷企畫 陳彩玉、林詩玟、陳紫晴、林佩瑜

發 行 人 涂玉雲
編輯總監 劉麗真
出　　版 臉譜出版
城邦文化事業股份有限公司
臺北市民生東路二段141號5樓
電話：886-2-25007696 傳真：886-2-25001952
發　　行 英屬蓋曼群島商家庭傳媒股份有限公司城邦分公司
臺北市中山區民生東路二段141號11樓
讀者服務專線：02-25007718；25007719
24小時傳真專線：02-25001990；25001991
服務時間：週一至週五09:30-12:00；13:30-17:00
劃撥帳號：19863813 戶名：書虫股份有限公司
讀者服務信箱：service@readingclub.com.tw
城邦網址：http://www.cite.com.tw
香港發行所 城邦（香港）出版集團有限公司
香港灣仔駱克道193號東超商業中心1樓
電話：852-25086231或25086217 傳真：852-25789337
馬新發行所 城邦（馬新）出版集團
Cite（M）Sdn. Bhd.（458372U）
41-3, Jalan Radin Anum, Bandar Baru Sri Petaling,
57000 Kuala Lumpur, Malaysia.
電話：+6(03)-90563833 傳真：+6(03)-90576622
讀者服務信箱：services@cite.my

一版一刷 2023年1月
一版七刷 2023年8月

城邦讀書花園
www.cite.com.tw

ISBN 978-626-315-234-2（紙本書）
ISBN 978-626-315-236-6（epub）

定價：NT$ 420（紙本書）
定價：NT$ 294（epub）

國家圖書館出版品預行編目資料（CIP）

欲望分子多巴胺：帶來墮落與貪婪、同時激發創意和衝動的賀爾蒙，如何支配人類的情緒、行為及命運／丹尼爾・利伯曼(Daniel Z. Lieberman)，麥可・隆(Michael E. Long)著；劉維人，盧靜譯. -- 一版. -- 臺北市：臉譜出版，城邦文化事業股份有限公司出版：英屬蓋曼群島商家庭傳媒股份有限公司城邦分公司發行，2023.01
面；　公分. --（科普漫遊；FQ1075）
譯自：The molecule of more : how a single chemical in your brain drives love, sex, and creativity-and will determine the fate of the human race

ISBN 978-626-315-234-2（平裝）

1.CST：神經生理學 2.CST：神經傳導

398.2　　111018999

Contents

謝辭

首先感謝 Fred H. Previc 博士寫了《The Dopaminergic Mind in Human Evolution and History》，這本書讓我們知道專注於未來的多巴胺和其他有關當下的神經傳遞物質差別何在。雖然 Previc 的著作是以科學家為主要受眾，但如果各位想更了解本書談到的神經生物學，我們也非常推薦找來一讀。

接著，我們要感謝 Harvey Klinger Agency 的 Andrea Somberg 和 Wendy Levinson，他們總能在第一時間明白我們要什麼，協助我們找到需要的論證文本。另外我們也要感謝 BenBella 出版社的 Glenn Yeffeth，他的熱情和專業知識讓我們更加放心。還要感謝 BenBella 團隊，特別是 Leah Wilson、Adrienne Lang、Jennifer Canzoneri、Alexa Stevenson、Sarah Avinger、Heather Butterfield 以及所有雖然未曾謀面，卻同樣為這份作品付出的人。另外我們想特別感謝 James M. Fraleigh 出色的文字編輯。就算在睡夢中他都可以把我的句子改得更好。

丹尼爾希望特別感謝 Frederick Goodwin 博士多年來的教導：Goodwin 博士是全世界最優秀的躁鬱症專家之一，他讓我注意到移民和躁鬱基因之間的關係，還建議我可以翻翻托克維爾的經典著作《民主在美國》，了解十九世紀的美國有何特殊之處。另外也感謝喬治華盛頓大學醫學院協會（George Washington University Medical Faculty Associates）讓我有機會在充滿活力的學術環境中研究精神病學，以及實際治療精神疾病患者。正因為有這些願意與我分享痛苦、成就、希望和恐懼的病人，我的靈感才能源源不斷，對此我心存感激。當然，我也要感謝各位學生和實習生不斷提出令人苦惱的難題，迫使我不斷重新審視原本對大腦運作的理解。

麥可想要感謝幫我們讀初稿的 Greg Northcutt、Jim Hubbard 和 Ellen Hubbard：他們讓我們知道如何將書中的科學呈現得更有說服力。感謝 John J. Miller 提供的職業案例，還有 Peter Nash 提供的靈感。我還想感謝我在喬治城大學的學生，他們提醒我寫作大部分的時間都是在思考。感謝已故的 Blake Snyder 教我說故事的方法，也感謝 Vince Gilligan 教我如何為它們增色。謝啦，各位前輩。喔，也感謝我弟 Todd 每天的笑話，多講一點啊。嗯，還有，謝啦，媽媽。

丹尼爾也想要感謝他妻子 Masami 的打氣、支持和鼓勵：寫這本書的過程中有許多曲折讓我懷疑自己，但她總能立刻讓我打消這些念頭。感謝我的兒子 Sam 和 Zach，他們不但為我的生活帶來許多歡樂，也讓我變成一個更成熟的人。

麥可則希望感謝他的妻子 Julia 在過去這幾年給他許多自由：妳總是在我怒吼過後親吻我的額頭，告訴我一定可以做到。當然也要感謝我的孩子 Sam、Madeline 和 Brynne，感謝你們就算沒興趣也都裝出有興趣。愛你們。

我們所有人都想對白宮附近的 TGI Fridays 表示感謝：我們經常在那沉迷於控制和渴望多巴胺。在那裡發生的計畫和想像，最終都收縮成了現在你手中這份小小的現實。

最後，世界上明明有釣魚、棒球等一大堆正常的消遣，但偏偏有兩個好朋友對這些都不感興趣，所以我們能一起做的，就只剩一起吃午餐，或是一起寫這本書了。雖然有幾次差點完蛋，不過本書完成時，我們的友誼仍然牢固。

丹尼爾．利伯曼與麥可．隆

二〇一八年二月

引言　低頭向下，抬頭向上

起初神創造天地。

低頭向下看。你看到了什麼？你的手、你的桌子、你的地板，桌子上也許有一杯咖啡、一臺筆電、一份報紙。這些東西有什麼共通點？對，全都伸出手就摸得到。向下看能看到的，都是你觸手可及，當下就能掌控的東西，你不需要事先規畫、費心思考、大汗淋漓就能使用。不管這些是你賺來的、別人送你的，還是運氣好賭到的，反正它們都是你的財產。

好，現在抬頭向上看。看到了什麼？天花板、牆上的照片，或者窗外的風景，窗外有整片房子、整排路樹，白雲在遙遠的天外漂浮。這些東西又有什麼共通點？它們都離你很遠，你得細心思考該怎麼移動，才有可能觸及。即使是離你最近的天花板或牆壁，你都得站起來讓全身上下協調一致才碰得到。你**向上看**能看到的，都是必須付出心力才能拿到的東西。

聽起來很簡單？因為事實就是這麼簡單。但向上看和向下看的思維模式，在大腦中真的截然不同。**向下看**能看到的東西，在腦中都是用一些叫做神經傳導物質（neurotransmitter）的東西控制的，這類物質讓你感到滿足，享受當下擁有的一切。至於**向上看**的思維，則全部都跟同一種化學分子有關，這種分子讓我們走出伸手可及的當下，去追尋、去掌握、去占有遠方的天地。它讓我們探求有形的遠方，以及無形的寶藏，例如知識、愛、權力。這種化學物質讓我們站起來伸手去拿桌子對面的鹽罐，讓我們建造火箭飛向月球，讓我們崇拜超越時空的上帝，讓我們突破地理的限制以及心智的藩籬。

那些控制「此時此刻」的化學物質，讓我們體驗眼前的一切，讓我們盡情享受各種美好，也讓我們在危機出現時奮戰或逃跑。但控制「抬頭向上」的化學物質完全不同。它讓我們對未來好奇，讓我們想把更多東西拿在手裡。我們乖乖聽話的時候會被它獎賞，叛逆抗命的時候被它處罰。它是創意之泉，也是創意暴走之後的瘋狂之淵；它是上癮的關鍵，也是擺脫上癮的救贖；它讓公司經理願意為了晉升犧牲一切，也讓厲害的演員、企業家、藝術家在功成名就之後繼續焚膏繼晷突破自己；它讓我們在擁有美滿婚姻之後不顧一切去外面偷吃；也讓科學家像瘋子一樣尋找自然的真理，讓哲學家拚命探索規則、理由與意義。

這種分子讓我們在天空中尋找救贖與上帝，讓我們相信天國在上、地府在下。這種分子讓我們追逐夢想，又讓我們在失敗時陷入絕望。這種分子讓我們費心探究、奮力追尋；這種分子讓我們功成名就、興旺豐登。

不過這種分子，也讓快樂注定無法持久。

這種分子是大腦中的終極萬用工具，它藉由成千上萬個神經化學步驟，讓我們超越當下，探索想像中的無限可能。哺乳類、爬行類、魚類的腦中都有這種分子，但人類擁有的比牠們都多。它既是祝福也是詛咒，既是動機也是獎勵。八個碳、十一個氫、兩個氧、一個氮，一個簡單的形式就能引爆各種不同的改變，書寫人類的歷史。這就是本書要說的分子，這就是**多巴胺**（dopamine）。

你現在就能感受它的威力，體會它帶來的法喜充滿。

只要抬起頭，向上看。

作者註

我們把找得到的科學實驗裡最有趣的那些，全都寫進這本書。不過有些推論是我們的猜測，後半本特別多。此外，為了讓研究結果便於理解，我們在某些地方有所簡化。大腦非常複雜，即使是最老練的神經科學家也得使用簡化的模型，才能讓別人聽得懂。而且科學研究本身就很混亂，有些結果互相矛盾，得花時間搞清楚正確的是哪一邊。要是我們把所有研究都列出來，讀者很快就會覺得乏味，所以我們只能列出那些影響力最大，而且符合學界共識的研究（如果有共識的話）。

更有趣的是，科學不但混亂，有時候還令人匪夷所思。人類的行為不像試管裡的化學物質，甚至也不像活人身上的病原體，有些時候不能用正常的方法來研究。研究大腦的人，必須想出辦法讓受試者在實驗室中做出關鍵行為，而這些行為有時候必須用恐懼、貪婪、性慾之類的激烈情緒才能觸發。我們盡可能選用能凸顯這些特殊性的研究。

這類研究注定棘手。它不是臨床治療，臨床治療是為了協助病人康復，所以醫生會盡量選用有效的治療方法，盡可能讓病情好轉。

但科學研究卻是為了回答問題。科學家都會盡量降低受試者的風險，但不會因此犧牲科學。有些實驗性療法可以讓原本已經判定沒救的受試者起死回生，但一般而言，受試者在科學研究中面對的風險，都高於正常的臨床治療。

自願參與研究的受試者，都是犧牲自己的安全去造福他人，研究一旦成功，就能改善其他病人的處境。他們就像自願衝進火場的消防員，用自己的性命去守護其他人的福祉。

當然，受試者還是得明確了解自己在做什麼，也就是所謂的知情同意（informed consent）。為了確保知情同意，研究人員通常會整理出一份很厚的文件，詳述研究目的以及可能面臨的風險。當然，這個方法雖然很好，但還是有缺點。有些受試者不會真正讀完，而且如果文件太長，就更不會認真讀；此外，在研究人類行為時，經常必須欺騙受試者，所以研究人員可能會遺漏一些風險沒列上去。但整體來說，科學家還是會盡其所能，確保受試者是在知情同意之下，自願推動科學進展。

第一章　愛情

愛是一種需要、一種渴望、一種尋找生命中至高喜悅的衝動。

——生物人類學家海倫·費雪（Helen Fisher）

你明明找到了命中注定的那個人，為何依然無法和對方常相廝守？

這章的主題，就是化學分子如何讓我們渴望性愛，如何墜入愛河，以及這些愉悅為何注定變質。

尚恩伸出手，在蒸氣瀰漫的鏡子上擦出一塊空間，伸出手撩起頭上的黑髮。

「很好，」他對自己說道。鏡中完美的倒影讓他不禁露出微笑。

他放下浴巾露出裸體，欣賞自己努力的成果。經過幾個月的健身，肚子那塊肥油如今已經變成四塊緊緻的腹肌。尚恩的體內浮出一股衝動：從二月以來，他就一直沒找人「出去玩」，也就是說，他沒做愛的時間，已經累積了整整七個月又三天。他很驚訝自己竟然把天數記得這麼清楚，不過反正沒差，這個禁慾紀錄今晚就要結束了。

他走進夜店掃視全場，嗯，看來今晚有很多迷人的女人。迷人不是專指外表，一場刺激的性愛當然很好，但他也希望找到一個人能夠隨時隨地聊得天南地北，可以成為日常生活的一部分。雖然今晚只是來找人幹炮的，但尚恩也不排斥偶爾暈個船。

在燈紅酒綠之間，尚恩與一位年輕女子的目光不斷相交。女子在吧檯桌旁與一位健談的朋友閒聊，頭髮烏黑，眼睛棕褐，而且身上穿的並非週六夜晚的高跟鞋緊身熱褲，而是平底鞋和牛仔褲。尚恩走過去打招呼，很快就跟她聊了起來。女子名叫莎曼莎，開口的第一句話，就是做有氧運動比在吧檯倒酒舒服多了。尚恩聽到簡直覺得兩人一拍即合，很自然地就開始認真討論哪間健身房比較讚、哪個應用程式比較有用、上午健身是不是比下午更有效。莎曼莎也愈說愈開心，於是時光匆匆飛逝，他們一直聊到關店。

這兩人很有可能發展出一段長期關係。他們的興趣相投，聊起來很輕鬆，該晚都喝了一點酒，甚至都願意冒一點險。但這些都不是關鍵，如果他們愛上彼此，主因一定是某個化學分子。那個分子改變了尚恩，改變了莎曼莎，改變了夜店裡的每一個人。

當然，它也會改變你。

什麼比快樂更強大？

多巴胺是倫敦附近倫威爾醫院（Runwell Hospital）實驗室的研究員凱薩琳．蒙塔谷（Kathleen Montagu）一九五七年在大腦中發現的。大家一開始都以為這種分子只是正腎上腺素（noradrenaline，出現在腦中時又稱 norepinephrine）生產過程中的產物；但沒過多久，科學家就覺得事情沒那麼簡單。腦中只有〇・〇〇〇五%(兩百萬分之一)的細胞會生產多巴胺，但這些細胞似乎能明顯影響我們的行為。只要這些細胞開始分泌多巴胺，受試者就會感到愉悅，並且盡其所能讓這些細胞再次活化。在某些環境下，受試者甚至會不顧一切地追求多巴胺帶來的愉悅。於是有些科學家把多巴胺稱為「快樂分子」，把活化這些多巴胺細胞的腦迴路稱為「犒賞迴路」(reward circuit)。

後來科學家找了毒癮患者來做實驗，發現多巴胺真的是某種「快樂分子」。他們注射古柯鹼與放射性糖的混合溶液，藉此觀察受試者每個腦區燃燒熱量的高低。同時，在古柯鹼開始發揮藥效之後，他們請受試者描述快感程度有多高。研究結果發現，腦中的多巴胺犒賞迴路愈活躍，受試者認為的快感就愈強烈。而且古柯鹼代謝掉之後，多巴胺迴路也安靜下來，受試者也不覺得嗨了。其他實驗也得出類似的結果。所以科學家認為，多巴胺就是「快樂分子」。

但在其他科學家重做這個實驗的時候，卻發現了意想不到的事。這些科學家認為，演化不太可能讓一個腦迴路專門用來接受毒品；比較合理的解釋，反而是多巴胺迴路原本是接受其他刺激的，只是碰到毒品反應特別大。那麼它原本接受的刺激是什麼?科學家猜測可能跟求生與繁衍有關，所以他們用食物取代古柯鹼，看看會不會產生同樣的反應。但實驗結果讓所有人大吃一驚。而且「快樂分子」這個名號，也因此從多巴胺身上掉了下來。

因為他們發現，多巴胺其實和愉悅完全無關，而是負責傳遞一種更有影響力的情感。我們愈理解多巴胺，就愈發現它是解釋、甚至預測人類行為的關鍵。它可以解釋我們為何創作藝術、文學、音樂，為何追逐成就，為何探索新天地，為何解密自然法則，為何信仰上帝，為何墜入愛河。

⁂

尚恩知道自己戀愛了。他心中的不安消失無蹤，每天都覺得像是黃金體驗。他和莎曼莎相處愈久，想起她的時候就愈興奮，時時刻刻都想陪在她身邊，她的一舉一動都暗示著無限可能。就連他的性慾也衝上了生命中的高峰，而且其他女人彷彿都變成了石頭，只對莎曼莎有感覺。更棒的是，當他鼓起勇氣對莎曼莎說出一切，莎曼莎說她心裡想的完全一樣。

尚恩希望能和她永遠在一起，某天便向她求了婚。莎曼莎點點頭，「我願意。」

不過在蜜月結束幾個月後，事情變得不太對勁。之前他們每分每秒都要黏在一起，但過了一陣子，好像分開一下也沒有關係。此外，他們也不再把彼此當成生命的核心，不再確定是不是只要能在一起，就能實現所有的夢。曾經的興奮如今開始消退，雖然過得還是很快樂，但已經不再覺得這輩子只要有對方就夠。他們不再時時刻刻想著彼此，一起走到天涯海角的感覺也變得過於天真。尚恩雖然不想出軌，但已經開始注意別的女人。莎曼莎開始跟其他人調情，雖然大概也只是在結帳的時候跟收銀檯的大學帥哥拋媚眼。

他們還是過得很幸福，但生活中的玫瑰色光澤卻幾乎褪去殆盡。無論愛情的魔法從何而來，都已經開始打回原形。

莎曼莎不禁想著：「唉，怎麼又跟上一段感情一樣。」

尚恩也滿腹納悶：「奇怪，怎麼又來了。」

猴子跟老鼠告訴你為什麼愛情會褪色

某種意義上，大鼠比人類容易研究，因為科學家即使對牠們做出某些事情，也不會被倫理委員會盯上。舉例來說，科學家想知道食物跟毒品是不是都能夠刺激多巴胺分泌，所以直接將電極插入大鼠的腦，測量每一個多巴胺神經元的活動。然後他們製造一個會釋出飼料的籠子，把大鼠放進去，不出所料，剛放下第一顆飼料，大鼠就啟動了多巴胺迴路。很好，看來無論是自然本能，還是古柯鹼之類的毒品，都能啟動犒賞迴路！

但接下來，科學家做了前人沒做的事，他們繼續日復一日投放飼料，監測大鼠的腦活動，結果完全出乎意料。大鼠拿到食物依然吃得很開心，顯然相當喜歡；但腦中的多巴胺迴路並沒有啟動。怎麼會這樣？為什麼持續給予刺激之後，多巴胺迴路就不理人了？科學家用一組有趣的實驗找到了答案：猴子和燈泡。

瑞士弗里堡大學（University of Fribourg）的神經生理學教授沃夫蘭・修茲（Wolfram Schultz），是最重要的多巴胺研究先驅之一，他的興趣是多巴胺對學習的影響。他將微型電極植入獼猴大腦的多巴胺細胞聚集區，然後將獼猴放進籠子中。籠子裡有兩個箱子和兩盞燈，每隔一段時間就會點亮一盞。其中一盞燈亮起之後，右邊的箱子裡就會出現飼料；另一盞燈亮起之後，飼料則是會出現在左邊的箱子。

獼猴一開始隨機打開箱子，猜對的機率大概只有一半。這時候，獼猴在找到飼料的當下就跟大鼠一樣，腦中的多巴胺細胞都活化了。但一段時間之後，獼猴搞懂了規則，每次都照著燈光指示打開正確的箱子，這時候多巴胺釋放的時間，卻從發現食物的時刻變成了看到燈光的時刻。為什麼會這樣？

因為這時候獼猴知道要怎麼拿到飼料，但無法預期哪盞燈會亮起來，「驚喜」的來源從飼料變成了燈光。這讓科學家做出一個新的假說：啟動多巴胺細胞的可能不是愉悅，而是驚喜，也就是機率與預期。

我們人類也是一樣，都喜歡那些可以預期，但帶著一點驚喜的東西，例如愛人的甜蜜紙條（裡面寫了什麼？），或者多年未見老友的電子郵件（對方最近怎麼了？）；而對正在等待桃花的人來說，甚至可能包括夜店裡常坐的桌子（這次會遇到誰？）。但這些事情一旦變成常規，新鮮感就會快速消退，大腦也不再分泌多巴胺，無論愛人的紙條有多暖，信件寫得多認真，桌子對面的人多有趣，都無力回天。

這個簡單的化學機制回答了一個古老的問題：為什麼愛情會褪色？因為也許我們的大腦天生就只喜歡驚喜。所以我們喜歡放眼未來，因為未來充滿各種可能的新東西，但東西一旦變得熟悉，興奮感就消失了，就連愛情也無法倖免。

研究這個現象的科學家，把這種新奇事物給予的興奮感稱為**酬賞預測誤差**（reward prediction error），意思就像名字說的那樣，是指現實比我們的預期更好的時候，多巴胺給我們的獎賞。我們每分每秒都會預期未來，例如幾點可以下班，去ATM檢查餘額時會看到多少錢，所以當下班時間提前，或者ATM的顯示金額多出一百美元，我們就會因為猜錯而感到愉悅。這種愉悅並非因為獲得更多金錢或更多時間，而是因為消息好得出乎意料。

更有趣的是，光是事先知道可能會遇到酬賞預測誤差，就足以讓大腦分泌多巴胺。例如當你在每天上下班的街上，忽然看見一家新開的麵包店，你很有可能會想走進去看看。這就是多巴胺的影響，你根本還沒吃過它的麵包，還沒喝過它的咖啡，甚至根本還不知道店裡長怎樣，卻依然感到興奮。你的興奮不是因為麵包店的外觀或香味，而是因為你知道裡面可能有一些東西，可能好得出乎你的意料。

總之你走進麵包店，點了一杯深焙咖啡和一個可頌。你啜了一小口咖啡，香味的層次在你的舌尖迴盪，嗯，之前沒喝過這麼好的深焙。然後你咬下一小口可頌，感受到酥脆的奶油香，跟你多年前在巴黎吃過的一模一樣。現在你覺得如何？你覺得要是每一天都能從這裡開始該有多好。你決定從現在起，每天都要來這裡吃早餐，喝全城最好的咖啡，吃最酥脆的可頌，然後把這一切美妙的感受向你朋友炫耀。你甚至還會在麵包店裡買一個專屬的杯子，每天都來體驗全新的生活。**啊，這間店真是太棒了！**

沒錯，這又是多巴胺的作用，因為聽起來超像是你在跟麵包店談戀愛。

也許那家麵包店真的能給你這麼好的體驗，但無論能不能，它都無法讓你維持現在的興奮。這種期待帶來的快感，也就是多巴胺式的興奮，注定無法持久。當未來成為現在，未知的神祕感就變成了百無聊賴的日常瑣事，多巴胺任務完成，順利退場，於是你開始失望。但咖啡同樣醇郁、可頌同樣酥脆，唯一的差異，只有「全城最棒的早餐」變成了你每天都在吃的早餐。

改變的不是早餐的味道，而是你的期待。

之前的莎曼莎跟尚恩也是一樣。他們為彼此著迷，直到變成老夫老妻。無論是什麼東西，只要變成日常生活的一部分，就不會再發生酬賞預測誤差，不會再讓多巴胺分泌。莎曼莎跟尚恩在茫茫人海中遇見了彼此，獲得從天而降的大禮，然後整天膩在一起，過著夢想中的美妙生活，但美妙的生活也就變成了每天經歷的柴米油鹽。在夢想化為現實之後，多巴胺的任務就結束了，從此你再無驚喜。

當我們想到未來充滿無限可能，總會興奮滿滿；但一旦回到現實，熱情就會消退。當夢想中的男神女神躺在床上向你調情，你會奮不顧身撲過去；但當對方變成老公老婆，拿著一坨面紙擤鼻涕，讓你留在床上的愛情本質就消失了。多巴胺之夢就變成了……別的東西。不過，到底是變成什麼？

大腦中的兩個世界

澳洲昆士蘭大學（University of Queensland）生理學榮譽教授約翰．道格拉斯．佩蒂格魯（John Douglas Pettigrew），是一個來自沃加沃加市（Wagga Wagga）的著名神經科學家，最有名的研究是更新了飛行靈長類理論（flying primates theory，認為蝙蝠是靈長類的遠親）。研究蝙蝠的過程，讓他發現大腦如何建立三維空間的地圖。乍聽之下這跟激情毫無關係，但其實是解釋多巴胺與愛情的關鍵。

佩蒂格魯發現，大腦把外在世界劃分成兩個不同區域：個體旁邊的**周圍區域**（peripersonal）以及個體以外的**外界區域**（extrapersonal）。只要是手臂伸出去摸得著，當下可以伸手控制的，都屬於周圍區域；除此之外，無論是一公尺以外還是數萬公里以外，都是當下碰不到的外界區域。周圍區域屬於已知的當下，外界區域處於可能的未來。

這種區分方法，立刻告訴我們另一件很有用的事：大腦是用時間來劃分距離的。即使只是走個一兩步也需要時間，所以在周圍區域以外的空間都屬於未來。例如你現在想吃桃子，但最近的桃子位於街角超市的櫃子上，那麼你只要沒有出門進超市拿桃子，就注定不可能吃到它。此外，未來才能做的事情都需要一些規畫，無論是站起來開燈、去超市買桃子，還是製造火箭飛向月球，都需要事先想好該做什麼。這就表示，外界區域是需要花費時間精力，而且通常需要規畫才能體驗到的空間；相反地，周圍區域都屬於此時此刻，屬於當下的眼耳鼻舌，當下的喜怒哀樂。

這種解釋，讓很多神經化學現象都變得很合理。如果我把大腦交給你來設計，你大概也會讓它用一種方式處理身邊的空間，以及你已經擁有的東西；並用另一種方式處理當下碰不到的空間，以及你還沒拿到的東西。畢竟對剛演化出來的人類來說，「還沒拿到的東西就是還沒拿到」很多時候都等於「如果你還沒拿到，你大概這輩子都拿不到」。

從演化的角度來看，還沒拿到的食物跟已經拿到的食物意義截然不同；還沒拿到的飲水、住所、工具就更不用說。未來和現在的意義實在相差太大，所以演化讓大腦用兩種不同的路徑和化學物質分別處理。它用一系列化學物質，來處理我們低頭向下能看到的，屬於此時此地的周圍空間；並用另一種化學物質，也就是多巴胺，來控制所有跟預期、可能性相關的外部空間。多巴胺的功能非常具體：讓我們盡力獲取資源，盡量追求最好的東西，畢竟這些東西都在遠方，當下無法消費，無法使用，只能渴望。

我們生活中的每個東西都像這樣分成兩類，我們用一種大腦迴路處理我們想要的東西，用另一種迴路處理已經到手的東西。我們用前面那種迴路想要一棟房子，認真賺錢把它買下來；等到住進房子之後，就用後面那種迴路去享受它。我們用前面那種多巴胺迴路期待第一次加薪，用後面那種迴路面對之後薪資自然而然地水漲船高，所以前後兩種感覺才會差那麼多。也正因如此，尋找真愛所需要的能力，跟留住真愛截然不同。要留住真愛，就必須讓它從外部區域進入周圍區域，從追求變成持有，從等待降臨的東西變成必須努力維持的東西。

正因如此，愛的本質注定會改變；正因如此，許多人在多巴胺離開，浪漫消逝之後，就無法繼續愛下去。

儘管如此，還是有很多人成功留下了愛。他們是怎麼超越多巴胺的掌控的？

魅惑的魔咒

「魅惑」（glamour）是一種美麗的錯覺。這個詞原本就是指魔法，它讓我們相信能夠在現實的柴米油鹽之外，實現心中的想望。但成功的魅惑需要以特殊的方式同時保留神祕與優雅，一旦知道太多，魔法就會失效。

——維吉妮雅．波士卓（Virginia Postrel）

我們一旦看到那些能夠刺激多巴胺分泌的東西，就會陷入魅惑，對當下現實的感知就會失準。

搭飛機就是個好例子。抬頭看看，有飛機劃過天際嗎？看到飛機你有什麼想法？產生什麼感覺？很多人都渴望坐飛機去遙遠的異國旅行，渴望穿越白雲開始無憂無慮的假期。但等到他們一坐上飛機，夢想中的優雅就瞬間消散，只剩下擁擠、煩悶、疲憊，跟在尖峰時刻搭公車沒什麼兩樣。

好萊塢也是個好例子。聽到好萊塢，大家想到的都是帥哥美女參加派對，在泳池周圍展露身材彼此調情。但現實是，好萊塢的演員每天要在強光下揮汗工作十四小時；女生遭受性剝削，男生必須用類固醇和生長激素維持螢幕上的完美肌肉。葛妮絲・派特洛（Gwyneth Paltrow）、梅根・福克斯（Megan Fox）、莎莉・賽隆（Charlize Theron）、瑪麗蓮・夢露（Marilyn Monroe）都碰過大人物問她們要不要為了獲得夢寐以求的角色而「陪睡」（不過只有夢露答應了）。尼克・諾特（Nick Nolte）、查理・辛（Charlie Sheen）、米基・洛克（Mickey Rourke）、阿諾・史瓦辛格（Arnold Schwarzenegger）都說自己吃過類固醇。類固醇會傷肝、影響情緒、引發暴力衝動和精神病。好萊塢金玉其外，敗絮其中。

山巒也充滿魅力。它莊嚴肅穆，沒有好萊塢的骯髒，遠遠座落在地平線的彼方。但山巒與你之間距離數公里的空氣，讓它無論如何都像婚禮當天的新娘沙龍照那麼朦朧美麗。那些多巴胺濃度高的人，會想走進山間、爬上山腰、征服山頂，但這個夢想永遠不會實現，因為這樣的山並不存在。現實中的山無法讓你披荊斬棘，無法讓你踏破征服。只會讓你走進去之後，被一群又一群的森林包圍，幾乎看不見山在何方。有時候你會來到崖邊，看到整片明媚的風景在眼前開展好幾公里；但那些希望和美景都屬於遠方不可觸及的山，而非你腳下的山。你對山巒的欲望永遠無法實現，因為它是一種魅惑的魔咒，只存在於想像之中。

天上的飛機、好萊塢的明星以及遙遠的山，都是因為距離而顯得迷人。唯有摸不到的東西方能完美，魅惑的魔力讓我們相信謊言。

※

某天中午，莎曼莎巧遇前男友狄馬克。這是她在跟尚恩交往之前最後一個認真的男友，兩人好幾年沒見過面，就連臉書都沒有互動。莎曼莎發現，狄馬克就像以前一樣聰明風趣、身材緊實，她的眼中瞬間充滿了希望。她的體內湧出睽違已久的興奮之情，再次覺得一個男人可能來到自己的生命之中，帶來一個等待探索的新天地。狄馬克也非常興奮，一股腦地開始傾訴最近訂婚的事情。他說自己遇見了天命真女，從來沒有這麼重視一個女人。這麼特別的人，莎曼莎一定要認識一下。

狄馬克離開之後，莎曼莎決定喝個幾杯。她走到吧檯，點了一盤玉米片和一杯米勒淡啤酒，然後花了半小時在酒櫃前面舉棋不定。她真的愛過尚恩嗎？過去一年以來，她們每天都一成不變。她要的不是這個，而是跟狄馬克聊天的感覺。對，她曾經愛過尚恩，但那都過去了。

多巴胺的黑暗面

多巴胺也有黑暗的一面。如果你往大鼠籠子裡扔一顆飼料，籠子就變成了一個可以得到白吃午餐的天堂，大鼠的多巴胺一定爆增。但如果接下來你每五分鐘扔一顆飼料，那麼天降的糧食就變成意料之中，**沒有酬賞預測誤差，多巴胺自然不再分泌**。但……如果你改成在隨機時間丟飼料呢？如果把大鼠換成人，把飼料換成錢，人類的反應又會如何？

這就是拉斯維加斯的賺錢祕訣。賭場裡總是擺著人山人海的二十一點牌桌、高賠率的撲克賭局、喀啦喀啦旋轉的輪盤。但這些都不是賭場真正的搖錢樹，賭場的錢其實都來自那些不起眼的拉霸機（吃角子老虎）。無論是觀光客、退休人士還是一般賭徒，每天都有一大堆人坐到拉霸前面，在明滅的燈光與悅耳的鈴聲之中玩上好幾個小時。一般來說，現代賭場都會把八〇%的空間留給拉霸，畢竟大部分的收入都來自那裡。

全球最大的拉霸機廠商之一叫做「科學博弈」（Scientific Games）。而在設計這些華麗賭具的過程中，科學也確實很重要。拉霸的歷史雖然可追溯到十九世紀，但現代機臺的設計，卻都是基於史金納（B. F. Skinner）一九六〇年代發現的行為操縱原理。

史金納把鴿子放進籠子裡，籠子裡設有拉桿，啄了就會掉出飼料。其中某些實驗，只要啄一下就會掉飼料，某些實驗則需要啄十下，不過每項實驗中需要的次數都是固定的。實驗結果可想而知，無論需要啄多少下，鴿子啄拉桿的時候都百無聊賴，感覺就像官僚在應付無窮無盡的文件。

不過接下來的實驗就有趣了。史金納把掉出飼料所需的次數改成隨機，鴿子永遠不會知道下一次啄拉桿會不會突然掉出飼料。結果鴿子整個興奮起來，啄拉桿的速度變得更快，顯然是受到了什麼激勵。沒錯，這激勵就來自「驚喜分子」多巴胺。而史金納的實驗，也從此成為吃角子老虎的科學基礎。

莎曼莎一看到前男友，所有的感覺就都湧了回來：興奮、專注、緊張、未來的無限可能。她並不想尋找另一段感情，事實上她也不需要。狄馬克帶來的不是浪漫，而是驚喜，是她自己都沒有真正察覺的激情，是感情生活中的意外插曲，這樣的意外讓她興奮。當然，莎曼莎對此毫不知情。

她決定約狄馬克出來再喝一杯。他們聊得很開心，於是決定隔天中午一起午餐。就這樣，一次見面帶來了另一次，沒過多久就變成了定期「約會」。這讓莎曼莎興奮極了，他們每次聊天時都會肢體接觸，每次道別時都會擁抱。只要狄馬克在，時間就過得飛快，彷彿回到多年以前約會時的悸動，就像剛認識尚恩時的激情。莎曼莎不禁覺得，也許狄馬克才是她的真命天子。但在旁觀的我們眼裡，這只不過又是多巴胺分泌的結果而已，跟所有的感情一樣千篇一律。

所有能夠刺激多巴胺分泌的新鮮感，都終會逝去。總有一天，愛情會失去原有的激情，而分手的選擇就會來臨。這時候，有些人會轉為欣賞另一半每天的舉手投足；有些人則會結束這段關係，尋找下一場天雷地火。後者毫不費力，但多巴胺來得快去得也快，再好吃的奶油蛋糕都只能讓你快樂短短幾秒。前者就充滿坎坷，需要練習，需要學習如何放下期待，享受體驗；如何放下完美的幻想，欣賞現實中的小瑕疵。當困難的問題出現一個簡單的答案，我們往往都會接受；但我們就是這樣，讓戀情隨著多巴胺一起告別，一段關係換過另一段。

最初的愛情總像一座旋轉木馬。旋轉木馬可以讓你放肆地歡呼雀躍，但繞完幾圈之後只會把你留在原地。只要音樂停止，雙腳回到地面，你就必須選擇是要再玩一圈，還是走下木馬，前往人生的下一個階段。

什麼是滿足？

滾石合唱團主唱米克．傑格（Mick Jagger）一九六五年唱出「永遠不滿足！」（I can't get no satisfaction!）的時候，沒人知道他預言了自己的未來。他在二〇一三年的自傳中坦承，自己大概和四千名女性發生過關係，換算下來大約是成年後每十天換一個伴侶。

而且請注意，米克．傑格在坦承之後，並沒有說「四千個已經夠了。我終於滿足了」，所以他大概是要繼續這樣活下去。嗯……所以到底要有幾個情人才算「滿足」呢？如果你的答案是四千個，我們大概可以確定，至少在性生活方面你已經成為多巴胺的奴隸。多巴胺的指令很簡單：無論手頭上有多少，都再去拿一個。所以這是無窮無盡的，即使米克．傑格繼續獵豔五十年，也永遠不會滿足。他搞錯了「滿足」的意思，以為多巴胺帶來的快感只要多到某個程度，自己就會滿足。但多巴胺的功能就是帶來不滿，它只會讓你跟前一個情人睡完之後再找下一個。

不過米克．傑格並不特別，真要講起來，他其實只是自信滿滿的喬治．科斯坦扎（George Costanza）。喬治是《歡樂單身派對》（*Seinfeld*）裡的角色，幾乎每一集都會掉入一條新的愛河。他為了約會不擇手段，只要能跟人上床幾乎什麼都願意做。在他眼中，每個女人都比前一個更完美，都能帶他進入理想的幸福生活。但《歡樂單身派對》的觀眾都知道，這從來不會實現。喬治會為眼前的女人瘋狂，讓對方回報他的愛，然後在開始認真相處的第一瞬間，轉身離去尋找新歡。他深深沉迷於多巴胺的刺激之中，甚至曾經花了整整一季的時間，千方百計地逃離一個對他無怨無悔的未婚妻，甚至在對方舔到訂婚請帖的毒膠水而身亡的時候，覺得鬆了一大口氣，甚至感到開心，再次開始追逐不存在的完美情人。現實中的米克．傑格就是在做這種事情。事實上，我們其他人也會這樣，當激情來到，我們就會全心投入，奮不顧身地追求夢想中的王子公主。唯一的差別是，我們心底多多少少都知道這是多巴胺的伎倆。《歡樂單身派對》裡面的喬治和滾石合唱團的主唱，會繼續追尋不存在的幻影，而我們知道這好像無法真正帶來「滿足」。

※

「嘿，最近跟尚恩過得如何？」莎曼莎的媽媽好奇問道。

「嗯……」莎曼莎的手指繞著咖啡杯，尋找適合的用詞，「跟我想像的不太一樣。」

「吼……又來了！」

「對，那個……尚恩是很棒的人，可是，」莎曼莎頓了一下，「媽，我就是不喜歡什麼知足常樂。」

媽媽苦笑了一下，「這句話我怎麼好像聽過？上次是勞倫斯？還是狄馬克？」

對面的女兒抿了抿嘴。「要懂得珍惜當下啊，莎曼莎！」

真愛長存的祕訣

問題是，多巴胺不太在乎你當下擁有什麼，只在乎你未來還能再拿多少。如果你住在橋下，多巴胺會叫你去搞一座帳篷；如果你住在帳篷裡，多巴胺會叫你去買棟房子；如果你住在全球最貴的豪宅，多巴胺會叫你去月亮上蓋城堡。大腦裡的多巴胺迴路根本不知道什麼叫「好」，也不在乎什麼叫「夠」，它唯一會做的事，就是讓剛遇見的全新未來在你眼中耀眼奪目，遮蔽你當下擁有的完美幸福。對多巴胺而言，沒有最多，只有更多。

多巴胺是愛情火花的源泉，是天雷地火的爆點之一。但要在火花引爆之後維繫愛情，愛的本質就必須改變。因為之後的愛情不再來自單一的多巴胺，而是來自一整組化學交響樂；而且多巴胺其實並不是「快樂分子」，而是「期望分子」。要真正享受當下，要從未來進入現在，我們大腦就必須習慣多巴胺的離開，轉而跟血清素（serotonin）、催產素、腦內啡（endorphins，大腦自己分泌的嗎啡類物質），以及一系列的內源性大麻素（endocannabinoids，大腦自己分泌的大麻類物質）好好相處。這些分子就是很多人可能都聽過的「當下分子」（Here and Now molecules, H&Ns），多巴胺讓期待變得刺激，而當下分子則讓我們享受手中擁有的體驗與快樂。其中一種內源性大麻素的名字 anandamide 甚至就來自梵語的「阿難陀」，意思是**喜悅**、**極樂**、**欣喜**。

照人類學家海倫．費雪的說法，初期的愛情，或者說激情，都只能維持十二至十八個月。在那之後能夠繼續相處的，都發展出了另一種**伴侶之愛**（companionate love）。這種愛情來自此時此刻的體驗，它背後的化學分子就是「當下分子」，這些分子讓我們因為跟相愛的人在一起，而感到幸福。

「伴侶之愛」不是人類的專利，那些終身相守的動物也有一樣的現象。這些動物的共同特徵，就是會共同築巢、共同防禦領地。牠們會彼此餵食、互相梳毛、共同育幼。最重要的是，這些動物一旦分開就會陷入焦慮，恨不得每秒都黏在一起。人類也是這樣，我們會照顧小孩、守護家園，而且會因為與另一半的生命緊密交織而深深滿足。

當愛情進入第二階段，「當下分子」就控制了局面，並且抑制了多巴胺。因為多巴胺會在我們的腦海中描繪一幅美好未來，讓我們奮不顧身地爭取。而要爭取未來，要開展一段新關係，勢必就得不滿於現況。但「當下分子」主導的「伴侶之愛」完全相反，至少它在伴侶關係上會讓我們深深滿足於當下的現況，拒絕任何改變。所以雖然多巴胺迴路和「當下分子」迴路可以同時運作，但其實經常彼此拮抗。「當下分子」迴路一旦啟動，我們就會想去體驗身邊的真實生活，抑制多巴胺的作用；反之，多巴胺迴路一旦啟動，我們就會想去探索未來，抑制當下分子的功能。

實驗結果也確實如此。科學家發現，熱戀者血液細胞中的血清素受器濃度比「健康」的人更低，表示血清素這種「當下分子」的力量正在減少。

要拒絕新伴侶，拒絕多巴胺的興奮與激情確實很難，但能夠做到這點才能成熟，也才能邁向長遠的幸福。這樣說吧，假設你是一個多巴胺主導的人，為了去羅馬度假，花了好幾週仔細安排行程，把你聽過的每個博物館與重要景點都列了上去。但當計畫實現了，終於親眼看到米開朗基羅的真跡，你卻無心欣賞，滿腦子只想著下一站要怎麼去事先訂好的餐廳。你知道眼前的東西是史上最美麗的藝術品，但你滿腦子多巴胺，只想著規畫與未來，看不到當下的現在。愛情也是一樣，最初的激情來自多巴胺，讓我們興奮、好奇、情人眼裡出西施、不斷設想彼此的未來；但在那之後，我們就會發現理想跟現實之間有巨大落差，然後進入伴侶之愛，把自己交給「當下分子」，平靜地享受身邊的各種體驗與心情。

來自多巴胺的浪漫愛情，就像一次緊張刺激的雲霄飛車，但它稍縱即逝，必須換成另外一群化學物質才能轉向伴侶之愛。多巴胺讓我們執著於追求，催產素和血管加壓素（vasopressin）則讓我們走入長期關係，女性體內較活躍的是催產素，男性則是血管加壓素。

科學家在實驗室中，用好幾種動物來研究神經傳導物質的作用。例如雌性草原田鼠（prairie vole）的腦中一旦注入催產素，就會和附近看到的任何雄鼠進入穩定的長期關係。雄性草原田鼠也是，一旦獲得大量分泌血管加壓素的基因，就會放下原本濫交的天性，只跟一隻雌鼠交配，無視身邊的其他雌鼠。看來血管加壓素就像某種「好老公激素」。多巴胺的功能則剛好相反，擁有大量分泌多巴胺基因的人，性伴侶人數最多，第一次性行為的年齡也最低。

由於大部分的長期伴侶，都已經從多巴胺式的激情轉為「當下分子」式的愛情，他們的做愛頻率較低。這還滿合理的，因為催產素和血管加壓素會抑制睪固酮（testosterone）分泌。同樣地，睪固酮也會抑制催產素和血管加壓素的分泌，也許就是因為這樣，血中睪固酮濃度本來就比較高的男性，通常更少結婚。此外，單身男性的睪固酮濃度高於已婚男性；而且男性的婚姻一旦開始動盪，血管加壓素的濃度就會下降，睪固酮濃度上升。

所以人類到底需不需要長期的伴侶關係？很多證據導出的答案都是肯定的。周旋在好幾位性伴侶之間的生活似乎很誘人，但大部分人最後還是會定下來。聯合國的一項調查顯示，九〇%以上的男性和女性都在四十九歲之前結婚。即使沒有伴侶之愛，我們當然也能活下去；但大部分的人都會花費多年的時間精力，尋找一段能夠長相廝守的關係。而「當下分子」就是維繫感情的關鍵，它讓我們能夠好好享受眼前五感帶來的滿足，不再永無饜足地追求更多。

睪固酮：活在當下，享受性愛

莎曼莎遇到尚恩的那個晚上，其實是月經週期的第十三天。不過這有什麼關係？

無論男女，睪固酮都會促發性慾。男性分泌的睪固酮比較多，讓他們長出鬍子、增加肌肉、聲音變低沉。女性的睪固酮來自卵巢，分泌量較少，平均來說，在月經週期的第十三至十四天濃度最高，這時候卵巢剛剛排卵，女性也最可能懷孕。而且睪固酮濃度不僅每天不同，在同一天之內也有差異，有些女性在早上的濃度較高，有些則在中午之後。睪固酮濃度的最大差異則是發生在個體之間，有些女性分泌的就是比別人多。睪固酮也可以當成藥物服用，生產歐仕派香水和幫寶適紙尿褲的寶僑公司（Procter & Gamble）曾經把睪固酮凝膠擦在女性的皮膚上，發現她們的做愛次數增加；但其中一些人長出了鬍子、聲音變低沉，甚至出現雄性禿，所以美國食品藥物管理局從未允許女性用這種凝膠來「助興」。

羅格斯大學人類學家，以及約會網站Match.com的首席科學顧問海倫・費雪指出，睪固酮造成的性衝動，跟飢餓之類的其他生理衝動很像。當你肚子餓，什麼東西都變得很好吃；當睪固酮引發你的性衝動，你想做愛的對象也會從某個特定的人變成更多人，很多時候甚至是任何人（而且青少年特別容易有這種狀況）。當然，這種性慾並非至高無上，沒有人會死於性飢渴，也不會被搞到去自殺或殺人。睪固酮不是多巴胺，沒辦法讓我們為愛不顧一切。

⁂

尚恩又回到浴室的鏡子前，在整片凝結的蒸氣上擦出一塊空間。他伸出手撩起額前的黑髮，「嗯，很不錯。」

「等一下，不要動，」莎曼莎從身後出現，從他額前拉出一撮頭髮，撥至腦後。「你看，這樣是不是很帥？」

「而且，」

她的身體貼了上去，親上尚恩的臉頰，「讓我很想要……」

陪著我的時候想著他

愛情的每個階段都可以在性愛中找到對應，無論是一開始的熱切盼望，還是之後的感官愉悅。甚至可以說，上床就是愛情的快轉。性愛的起點，是睪固酮引發了多巴胺式欲望；接下來，多巴胺會讓你陷入性興奮，期待下一步的親密接觸。等到真正開始接觸，大腦就會改為讓「當下分子」來作主，最重要的就是分泌腦內啡。性高潮則幾乎完全是此時此刻的體驗，腦內啡與其他「當下分子」的共同作用，會關掉多巴胺。

荷蘭的科學家請受試者躺進掃描儀，然後讓他們高潮，記錄過程中的大腦活動變化。結果發現，無論受試者是男是女，在性高潮的時候，前額葉皮質的活動都降低了。前額葉皮質是負責在多巴胺的作用下，控制行為範圍的腦區，當它放鬆控制，性高潮所需的「當下分子」迴路就能夠啟動。除了少數例外，大部分受試的男男女女在進入高潮的時候，腦內都關閉了多巴胺，啟動了「當下分子」迴路。

不過對某些人來講，這沒那麼簡單。有些人就是多巴胺爆棚，很難從激情浪漫轉為伴侶之愛，同樣也很難在做愛的時候讓「當下分子」帶著他們享受。那些行動力非常強的男人女人，有時候會很難放下思考感受當下的親密。

「當下分子」讓我們體驗此時此刻的現實，但無論性愛中的現實多豐滿，多巴胺永遠可以幻想出一個更誇張的美滿。而且多巴胺不僅讓我們追逐那個幻想，更讓我們覺得自己可以掌控幻想。這些幻想會不會落空並不是重點，多巴胺的功能只是讓我們去追逐它們。

這些幻想經常把性愛，尤其是跟當下伴侶進行的性愛，搞得靈肉分離。針對一百四十一位女性的調查發現，六十五％的受訪者會在做愛時幻想著自己跟另一個人在一起，或者幻想自己在做完全不同的事情。其他研究則認為幻想的比例更高，甚至高達九十二％。男性的比例也差不多，而且無論是男是女，愈常做愛的人都愈容易在性愛中想著別的東西。

其中最諷刺的就是，讓我們熱烈追求王子公主的腦迴路，到了床上之後反而妨礙我們跟對方好好翻雲覆雨。背後原因也跟經驗的刺激強度有關，第一次做愛總是比第一百次更刺激，而跟不同人做愛的第一百次，又比跟同一個人的第一百次更刺激。幸好性高潮的刺激幾乎總是夠強烈，即使是最愛擘畫未來的夢想家，也會在高潮中放下幻想，進入此時此刻。

為什麼媽媽叫你婚前不要給？

雖然守貞的想法在很多地方都已過時，但現在還是有很多母親（和焦慮的父親）還是會叫女兒「婚前不要給」。他們所持的理由通常都是道德或宗教，但從大腦化學的角度來看，婚前不要做愛到底有沒有道理？

睪固酮跟多巴胺之間的關係很特別。它是一種「當下分子」，但不僅不會在浪漫激情中被多巴胺抑制；還會跟多巴胺合為一個迴圈，讓我們不斷感受到浪漫。浪漫的激情通常會讓我們想做愛，睪固酮會加速做愛的欲望，而欲望愈強，浪漫的激情就更為強烈。因此，只要性慾一直無法滿足，浪漫就不會退；雖然還是總有一天會失效，而且代價可能很大，但事實上就是有效。這似乎表示，這種很久以前流傳至今的習俗，在大腦化學上可能有點道理。等待的過程延續了愛情中最激動的時刻，我們腦中的化學反應，讓得不到的永遠最美。

激情愈是不能滿足，就持續得愈久。如果媽媽想讓女兒結婚，讓激情的迴圈愈滾愈強，就的確有用。因為幻想一旦變成現實，多巴胺就會停止分泌，驅動浪漫愛情的力量也就會消失。所以是要現在就做愛，還是之後再做？媽媽一直都知道答案，只是我們現在才懂為什麼。

❊

尚恩變胖了一點，但莎曼莎卻覺得他更有魅力。至於尚恩，也覺得莎曼莎變得比以前更誘人。雖然他很喜歡盛裝打扮的她，但總是跟朋友們打包票說，沒有什麼能比老婆剛醒來一頭亂髮、完全素顏、穿著尚恩大學時代舊T恤的樣子更性感。最近他們做愛的時候會刻意壓低聲音不要吵醒寶寶，因為對他們來說，剛睡醒的早晨是難得無人打擾的寶貴春宵。

莎曼莎找到了一些方法，幫助尚恩克服工作上的不安；尚恩也分攤了工作，讓莎曼莎騰出時間去讀碩士。但更重要的是，他們都愈來愈喜歡待在對方身邊。過去他們以為在一起一定要做些什麼，現在他們覺得什麼都不說，光是陪著就很好。莎曼莎記得，有一天晚上尚恩伸出手摸了摸她的臀部，然後又收回手去。她聽見尚恩翻過身去，發出他入睡前總會發出的聲音。

「怎麼了？」她問。

「沒有啦，」尚恩回道，「只是確認妳還在。」

❊

關於成癮性藥物的實驗，讓科學家以為多巴胺是「快樂分子」。那些藥物啟動多巴胺迴路，使受試者感到愉悅。但到了後來，科學家用大自然中也會出現的獎勵，例如食物來進一步研究，發現讓多巴胺分泌的不是獎勵，而是「酬賞預測誤差」，也就是說，獎勵要比想像中的更多，多巴胺才會分泌。這告訴我們為何浪漫的愛情無法天長地久。我們墜入愛河時，會設想跟愛人一起度過的美好未來，這些未來充滿了不切實際的幻想，所以在十二至十八個月後，我們回到現實，想像破滅。然後呢，很多時候，愛情就結束了，接著我們在多巴胺的驅使下，再次尋找下一段轟轟烈烈的關係。但有些時候，浪漫的激情會轉變成「伴侶之愛」，這種愛情仰賴的是「當下分子」，也就是催產素、血管加壓素、腦內啡這些神經傳導物質。它雖然不像多巴胺那麼讓人神魂顛倒，卻能持續更久，讓我們一直擁有幸福。

我們都喜歡一些老地方：珍藏的餐廳、常去的商店、久居的城市。我們喜歡這些地方，不是因為它未來可能的變化，而是因為它現在的樣子，它們實實在在，落落自然。長期穩定的伴侶關係，也是要靠這樣的滿足才能建立。多巴胺的功能，是讓我們盡量爭取未來的獎勵。它激發我們的欲望，照亮我們的想像，開啟通往愛河的道路，讓我們燃起熊熊愛火。但這樣的浪漫激情只是愛情的開始，而非結束。多巴胺永遠無法滿足，對它而言，沒有最多，只有更多。

第二章　精神性藥物

想要，真的就等於喜歡嗎？

當多巴胺壓倒了理智，我們就會陷入最可怕的消費欲望。

有個人在逛街的時候，聞到了煎漢堡的香味。他腦中浮現漢堡的美味，想像自己咬下去爆出肉汁。這個人正在減肥，但當下他滿腦子全部都是漢堡，於是走進餐廳點了一個。不久之後漢堡送了上來，第一口果然正如想像中那麼美味。但第二口似乎就沒那麼棒了，而且每多咬一口，漢堡帶來的滿足就更少一分，跟之前想像的「漢堡至福」天差地遠。不過他還是吃完了漢堡，然後開始討厭自己，覺得自己竟然會因為一個漢堡而讓節食破功，真是沒用。

他走出餐廳回到街上，突然領悟到一件事：「想要」某個東西，似乎並不等於「喜歡」那個東西。

大腦究竟是誰控制的？

每個人到了某個歲數，都會問下面的問題：**我為什麼要做這件事？為什麼要做出這種選擇？**

這類問題乍看之下相當簡單。畢竟事出必有因，如果我們穿了毛衣，大概是因為冷；如果早起去上班，大概是因為需要錢；如果刷牙，通常是為了預防蛀牙。我們所做的事情，大部分都是為了達成其他事情，例如為了保暖，為了有錢付帳單，為了回診的時候不要被牙醫罵。

但麻煩的是，這樣的問題永遠可以繼續問下去。你可以問我們為什麼要保暖？為什麼要乖乖付錢？為什麼要在乎牙醫怎麼想？小朋友就經常這樣無窮無盡地問問題，當你叫他們上床睡覺，他們會問為什麼。你說明早要上學，他們又問為什麼。你說要上學才能學到東西啊，他們繼續問為什麼。無論你怎麼說，他們都沒完沒了。

哲學家亞里斯多德也做過一樣的事情，只不過問法比較嚴肅一點。他發現我們做的每件事都是為了另一件事情，所以想知道這到底有沒有終點。為什麼我們要上班？為什麼要賺錢？為什麼要付帳？為什麼晚上要開燈？這問題到底有沒有止盡？世上有沒有什麼事情，是只為了本身而存在的？亞里斯多德認為，不但真的有這種事情，而且我們做的每一件事情，只要一直追問下去，最後都是為了這件事情。這件事情就是「幸福」。我們所做的一切都是為了幸福。

這個結論很難反駁。畢竟可以付帳單、有電可以用、有健康的牙齒、可以接受教育，都會讓我們開心。而且當某些痛苦的事情可以帶來幸福，我們就算在做這些事的時候也會開心。幸福是人生的路標，只要眼前有好幾個選項，我們都會選擇能夠帶來最多幸福的那個。

聽起來好像很合理，但真的是這樣嗎？

仔細想想，大腦好像不是這樣運作的。想想你的親朋好友，有多少人選大學的時候是靠直覺？有多少人是「因緣際會」走上目前的專業？事實上，我們好像很少真的坐下來，理性地權衡每個選項的利弊得失。這種事情又累又煩，而且通常事倍功半。所以事實上，我們通常都不是在深思熟慮之後，去做真的能帶來最多幸福的事情；而是去做我們自己想做的事情。

既然如此，當然就要問「所以我們到底想要什麼？」這取決於你問的是誰，畢竟有些人想要的是家財萬貫，有些人是想成為好爸爸。而且即使是同一個人，時間不同答案也不相同，即使晚上七點說「想吃晚餐」，早上七點可能也會變成「再睡十分鐘」。很多時候，我們根本不知道自己想要什麼；而某些時候，我們則會同時想要好幾種彼此衝突的東西。舉例來說，大部分的人看到甜甜圈都會想吃；但同樣一群人看到甜甜圈，心底也會希望自己可以不要吃。所以，我們的「想要」到底是什麼玩意？

求生的機制

安德魯二十多歲，在一家軟體公司上班。他自信外向，是全公司最優秀的業務之一，每天從早到晚都全心投入工作，幾乎不曾休息。安德魯生命中唯一的樂趣就是把妹，至今大概已經跟一百多個女人上過床。話雖如此，他卻一直找不到能夠親密交往的對象，並因此耿耿於懷。他知道要得到長久的幸福，就還是得找個人定下來，無盡的一夜情只會讓他離幸福愈來愈遠。即便知道這些，他依然繼續把妹。

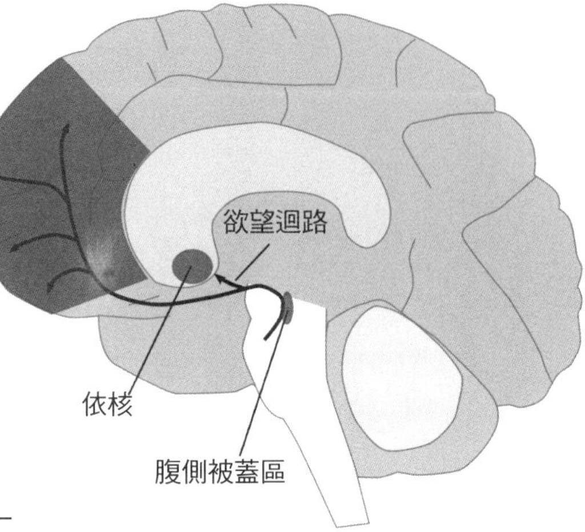

圖一

我們的欲望來自大腦深處的一個古老區域：腹側被蓋區（ventral tegmental area），分泌多巴胺的兩個主要區域之一。這個腦區的細胞就跟大部分的腦細胞一樣，有一條長長的尾巴，它們的尾巴穿過好一段距離，來到前方的依核（nucleus accumbens）。所以這些細胞一旦活化，就會釋放多巴胺到依核，讓我們覺得動力滿滿。科學家把這稱為「中腦邊緣路徑」（mesolimbic pathway），更簡單一點，可以稱之為「**多巴胺欲望迴路**」，如圖一。

我們演化出這條迴路，是為了促進生存與繁殖，或者說是為了讓我們贏得競爭，獲得食物和性。當你在桌上看到一盤甜甜圈，欲望迴路就會啟動，這跟你的需求無關，只跟演化與維生的優勢有關。也就是說，你想吃甜甜圈的欲望，跟你當時餓不餓根本沒有關係。這就是多巴胺的本質，它的功能就是讓我們去搶更多東西，讓未來更有保障。它不在乎我們餓不餓，因為飢餓發生在現在，但多巴胺只看將來，它會說「誰管你餓不餓？去拿甜甜圈就對了。誰知道下一次要隔多久才會看到食物？你現在多吞一個，之後餓死的機率就少一分」。這句話對我們的祖先可是金玉良言，他們隨時都可能餓死。

對每個生物個體來說，最重要的事情都是繼續活下去。因此生物演化出多巴胺系統，讓我們全都成為某種程度上的求生狂人。這套系統讓我們不斷掃視四周，尋找可能的食物、遮蔽處、交配機會，以及能讓DNA複製下去的其他資源。我們一旦發現有價值的東西，多巴胺就會開始分泌，叫我們「趕快醒醒，專心去搶那個重要的東西」。這樣的感覺就是渴望，而且經常是帶有興奮的渴望。渴望並不是一種選擇，只是我們對周遭環境的反應。

以剛剛提到的男子為例，他在逛街時聞到漢堡的香味，便走進店裡點了漢堡，雖然他腦中可能還想著其他事情，但多巴胺讓他對漢堡的欲望幾乎壓過一切。這樣的大腦機制，跟我們祖先遇到的狀況幾乎一樣，唯一的差別只是古代沒有漢堡而已。很久很久以前，我們的祖先走在大草原上，晴空萬里旭日東昇，鳥兒唱出清脆的鳴聲，萬事安然一如往常。祖先心不在焉四處閒逛，忽然在時常經過的角落，看到一排長滿漿果的灌木叢。之前她路過的時候，上面都還沒有漿果，因此目光掃過也不以為意，但漿果的出現讓她開始注意所有細節。她開始全神貫注地掃視這叢灌木，心中一陣興奮：「原來如此，這種深綠色的灌木會結出漿果。很好，未來的食物有著落了。」

是的，她腦中的多巴胺欲望迴路啟動了。

祖先記下了這個長著漿果的地方，從此之後，每當她看到這叢灌木，就會分泌一點多巴胺，提高她的注意力，並讓她帶著一點點興奮，知道這邊有東西可以讓她活下去。她的腦中出現了一項重要的記憶，一項被多巴胺觸動的重要記憶，一項與生死相關的重要記憶。這就是多巴胺的威力。那麼，如果多巴胺失控了呢？

多巴胺的幻象世界

安德魯一看到美女，把她弄上床就變成生命中最重要的事情，其他一切都黯淡無光。他的女人通常都是在夜店把到的，所以下班之後，他如果不是在夜店，就是在去夜店的路上。有時候他踏進夜店，明明只是想放鬆一下喝幾杯啤酒，享受那裡的氣氛，但最後還是跟女生上了床。他有時候真的很努力克制搭訕的衝動，畢竟一旦翻雲覆雨結束，眼前的女人就失去吸引力，而他不喜歡這種感覺。但不知為何，只要看到美女，他通常還是忍不住。

過了一陣子之後，事情變得更糟。女生一旦答應跟他回家，安德魯就立刻失去興趣，彷彿把到的瞬間，女生就變成另一個人，甚至就連外表也突然變醜。所以即使上了樓進了房間，安德魯也不想跟對方做愛。

廣義來講，若一件事情「重要」，就表示它跟多巴胺有關。為什麼？因為多巴胺的功能之一，就是一看到某個東西能夠提高生存機率，就叫我們提高警覺，緊盯住它。多巴胺不會叫我們用腦思考，而是讓我們對它產生欲望，想要立刻擁有。它不管我們喜不喜歡，也不管現在是否需要，反正拿下來就對了。這種態度很像那些囤積衛生紙的奶奶，無論儲藏室堆了多少包，只要路過衛生紙，她們就會順手再買一包。對她們來講，衛生紙永遠不嫌多。多巴胺也是一樣，只不過它不只讓我們囤積衛生紙，還讓我們去搶所有可能有助於生存的東西。

這可以解釋很多事情，例如為什麼減肥的人聞到漢堡的香味會忍不住去吃；為什麼安德魯明明知道在幾個小時，甚至幾分鐘之後就會後悔，依然看到美女就想追。而且更有趣的是，它甚至可以解釋為什麼我們只記得某些人的名字。記名字有很多技巧，例如不斷在對話中提到對方的名字，但即使當下記住了，有些人的名字還是很快就會消失；容易留在腦海中的，大都是那些能夠影響我們生活的重要名字。在你四處搭訕的時候，回應你的人的名字總是比轉頭就走的名字留得更久。同理，跟你約時間見面談工作的名字，也比其他人更容易留在腦海之中，而且如果你剛好失業，這些名字會更容易記住。大鼠也是一樣，如果迷宮的另一頭有一隻發情的雌鼠，雄鼠會更容易記住穿過迷宮的正確路線。這樣的求生機制，有時候甚至會讓我們把注意力放錯重點，例如有個男子在搶案中被一把貝瑞塔手槍指著臉，事後警方請他描述凶手的長相，他說：「我記不得他的樣子了，但槍的細節記得很清楚。」

但一般來說，欲望迴路的多巴胺會讓我們充滿能量、熱情、希望，讓一切充滿光明。很多人終其一生，都在追求這種明天會更好的感覺，都在期待一頓美味的晚餐、一場與老友的會面、做一筆大買賣、獲得一個重要獎項。多巴胺讓我們有夢最美，希望相隨。

但當未來變成現在，當晚餐在你的嘴裡，愛人在你的懷中，你又會有什麼感覺？你發現興奮、熱情、活力都漸漸消退。因為多巴胺迴路關閉了，這條迴路只處理想像中的未來，不處理現實經驗。很多人在這種時候會陷入失落，因為他們太過依賴多巴胺，無法好好面對現在，寧願繼續想像下一個舒適的未來。所以他們會一邊嚼著期待已久的美味晚餐，一邊想著明天要做什麼。**想像中的旅行，勝過了世上最美的現實風景。**

但未來不是真實的。未來是我們用腦袋裡的積木搭造的夢想，這些積木通常過於理想，因為我們很少會把事情想像得平淡無奇，而會把結果盡可能美化。那麼現實呢？現實是有血有肉的，它屬於經驗，不屬於想像，要真正享受現實，我們就得仰賴另一組完全不同的神經傳導物質——當下分子。多巴胺讓我們熱情滿滿地去追求，但只有「當下分子」才能讓我們在東西到手之後好好享受，享受精緻西餐的色香味口感，享受身邊愛人帶來的幸福完滿。

想要 vs. 喜歡

期待要化為享受，得跨越很多門檻。例如有個現象叫「買家的悔恨」：我們在花一大筆錢之後經常感到懊悔。過去人們以為，這是因為我們擔心做錯決定、覺得不該奢侈、懷疑自己被賣家騙；但後來發現，其實這是因為欲望迴路背叛了我們。在下手之前，欲望迴路跟我們說那輛名車多麼帥氣，買下去一定欣喜若狂，人生都變成彩色。但我們一旦付錢買下車子，欲望迴路就不再啟動了，於是我們發現自己根本沒有想像中的那麼開心，喜悅也沒有那麼持久。但你也別怪欲望迴路，它天生就是個騙子，本來就無法讓我們感到滿足。無論夢想多豐滿，現實注定都比較骨感。因為欲望迴路把夢想說得天花亂墜之後，就走人了。

當我們看上一件商品，腦中的多巴胺系統就會啟動，讓我們感到興奮。但商品一旦落入我們手中，它就從**抬頭仰望**的外界區域，進入**低頭俯視**的周圍區域；從遙遠的未來進入身邊的現在，相關的神經傳導物質也從多巴胺變成「當下分子」。由此看來，「買家的悔恨」其實只是表示「當下分子」輸給了多巴胺。要避免陷入悔恨，我們可以在下手前深思熟慮，這樣「當下分子」帶來的滿足，就能彌補多巴胺激發的想望；或者我們也可以去買那些本身就能觸發多巴胺想望的東西，例如電腦這種能提高工作效率的工具，或者出門時會更迷人的外套。

由上所述，解決「買家的悔恨」的方法有三種：一、無窮無盡地買，讓多巴胺濃度居高不墜。二、盡量少買東西，讓多巴胺少崩潰幾次。三、想辦法讓多巴胺引發的期待變成「當下分子」帶來的享受。當然，「喜歡」和「想要」分別由腦中的不同系統掌管，所以無論用什麼方法，都無法保證我們想要的東西在入手之後會真正喜歡。《我們的辦公室》（*The Office*）有一幕就是在講這個。威爾・法洛（Will Ferrell）飾演的臨時老闆狄安傑羅・維克斯（Deangelo Vickers）切著一個大蛋糕：

狄安傑羅：蛋糕就是要吃邊。

（他切下一塊蛋糕邊，用手抓來吃）

狄安傑羅：奇怪，我在幹嘛？沒那麼好吃……不對，我沒有要吃蛋糕啊，明明午餐才剛吃耶。

（他把手中剩下的蛋糕邊扔進垃圾桶）

狄安傑羅（又把手伸進蛋糕裡面，挖了一整塊出來）：不對。其實仔細想想，多吃一塊也無妨。人生就是要享受啊！

（他吃到一半又停了下來）

狄安傑羅：……搞什麼？我是怎麼了？

（他又把挖了滿手的蛋糕丟進垃圾桶，然後回頭趴在蛋糕上，對著蛋糕大吼）

狄安傑羅：搞什麼！搞什麼！

「想要」跟「喜歡」真的很難分。而且如果藥物成癮，問題就會更加麻煩。

當欲望迴路被綁架

安德魯一有時間就泡進夜店，因為把妹是他的人生重心。他從大學以來就經常參加啤酒趴，跟別人一起喝到天亮，手裡拿著一杯啤酒，到處走到處閒晃。畢業之後，他大部分的酒友都踏上別的道路，不再以酒精維生；只有安德魯繼續把夜店當家。而且他一看到有趣的人就會喝得更快，只要眼前有一對美人的麗眼，整個世界就變成了飲酒助興的完美劇場。

可是酗酒有其代價，宿醉讓他很難在工作中發揮實力，他的業績開始下滑。他跑去心理治療，治療師建議直接戒酒，至少戒個三十天，這樣就能體會清醒時的感覺。治療師知道，酒鬼只要撐過這段時間，通常就會覺得神清氣爽，精力充沛，可以好好享受生活中的一草一木，之後就會更有動力繼續戒酒。而撐不過三十天的人，則是很可能無法控制自己的酒癮。所以他總是建議個案撐撐看，一旦成功可能就會大開眼界，從此擺脫酒精。

安德魯乖乖照做，發現戒酒一點也不困難，反倒是戒除另一件事非常困難：在夜店裡找炮友。他一旦開始把妹，過去習慣的追逐感就湧了回來，讓他心中充滿渴望，同時再次拿起酒杯。治療師覺得這樣的癮已經構成酒精使用疾患（alcohol use disorder），建議安德魯去報名匿名戒酒會（Alcoholics Anonymous）。

但安德魯不同意。他無視治療師的建議，決定正面對抗自己的性愛欲望。他相信只要能控制住這種欲望，就可以直接告別夜店，那麼酒精問題也就會自然解決。於是他花了漫長的時間嘗試，並跟治療師反覆討論。可惜的是，他卻一邊治療，一邊愈喝愈多。最後，他終於實現了目標，遇到了一個想要長期交往的人，而且對方的魅力一直沒有減退。幾經嘗試之後，他不再常跑夜店，從此告別了一夜情。但出乎意料的是，酒杯竟然並沒有因此從他手中消失。酒癮已經入侵他的大腦，建立了新的連結，讓他無從擺脫。

成癮性藥物就像一枚導彈，可以精準地命中欲望迴路，引發神經化學大爆發。這種爆發的威力凌駕自然界的所有其他刺激，無論美食還是性愛，都遠遠不能相比。

美國國家藥物濫用研究所（National Institute on Drug Abuse）前所長艾倫．萊施納（Alan Leshner）認為，毒品會「綁架」我們的欲望迴路。這些欲望迴路，原本是演化來激勵我們尋找食物與性愛的；但成癮性藥物能夠啟動它們，而且程度比自然刺激強烈很多。也正因如此，食物成癮與性愛成癮，在很多地方都跟毒癮一樣。畢竟所謂的毒癮，其實就是那些成癮性化學物質綁架了原本用來生存繁衍的大腦迴路，讓我們什麼都不管，為了拿到藥物甘心付出一切。

藥物濫用就像是癌細胞：一開始很小，但很快就會大到開始影響你生活的各種層面。很多酒鬼一開始都很節制，最多只是週末喝幾瓶啤酒；但當他開始愈喝愈多，愈喝愈濃，變成一天一公升伏特加的時候，他的人生就一塊一塊變得黑暗。他為了躲在家裡喝酒，什麼事都願意做，一開始是不再去看兒子打棒球，然後蹺掉家長會，然後是所有其他家庭活動，最後連能夠賺錢買酒的工作都一併蹺掉。酒癮就像惡性腫瘤一樣，一步步在體內擴散，最後讓活著的意義只剩下喝酒。這種改變是理性的嗎？從外表看來的確不像。

但如果我們知道多巴胺的影響，就會覺得這一切很有道理。

生物演化出多巴胺系統，是為了促進生存與繁殖。對大多數人來說，生命中最重要的事情當然是繼續活著，以及保護孩子的安全。而最能讓多巴胺大量分泌的，也剛好就是這些事情：**尋找食物、尋找安全的住處、保護孩子**。這些目標一旦出現，我們體內的多巴胺就會爆增。畢竟有什麼東西，會比自己和孩子的生死存亡更重要？

成癮患者會說有，那個東西就是毒品。或者說，至少他覺得那個東西是毒品。成癮性藥物引起的多巴胺激增就像導彈爆炸，其他刺激全都不能相比。如果做決定就像是在天平上權衡高低，那麼成癮性藥物就是一頭大象，只要大象坐在天平的一端，另一邊放了什麼都沒有用。

我們會覺得為了嗑藥而蹺掉工作、捨棄家庭、放棄人生，簡直是不可理喻；但在患者的腦中，這些選擇其實完全理性。因為即使是我們這些沒有毒癮的人，如果必須在一家好吃的餐廳（甚至是全城最高級的餐廳）和獲得一百萬美元之間二選一，理性的選擇也一定是放棄美食，選擇美金。成癮性藥物在患者腦中的價值，就是那個一百萬美金，藥物能給予的多巴胺遠勝過其他一切，快克古柯鹼帶來的快感遠勝過生命中的所有真實經歷。所以從患者的角度來看，把買毒品的錢拿去交房租，根本荒謬透頂。成癮患者的行為，從多巴胺的角度來看，其實完全理性。

而且藥物觸發多巴胺的方式，跟自然的方式有個根本性的差異。我們飢餓的時候，食物帶來的獎勵一定大於其他東西；但一旦吃飽，就會啟動飽足迴路（satiety circuit），關閉欲望迴路，食物也就不那麼能引起我們的興趣。這種制衡機制讓身體保持穩定，但它只能作用於自然的刺激。我們的體內沒有古柯鹼的飽足迴路，一旦上癮就只會不斷地吸，直到昏迷、病倒，或把錢花光為止。如果你問一個毒蟲要吸多少古柯鹼才夠，他會說**永遠都不夠**。

這個機制也能從另一個角度來解釋。多巴胺系統是為了預測未來，當我們看到一個意料之外的獎勵，它就會叫醒我們，要我們注意世界上出現的新東西。多巴胺以這種方式調教我們的腦迴路，讓迴路連出新的模式，讓我們獲得新的記憶，了解事物之間的關係。多巴胺對我們說：「好好記住！這之後可能有用。」

這會產生什麼結果？這會讓你下一次看到同樣的獎勵時，不再感到驚訝。當你在串流網站聽到你最愛的音樂，你會眼睛一亮；但之後再點進該網站，一切就理所當然。因為酬賞預測誤差消失了，你知道只要點進去就能得到獎勵。多巴胺不會無窮無盡地給我們愉悅，當大腦在它的影響之下學會了預測意外事件，我們就能獲得更多資源，這時多巴胺的任務就完成了，於是酬賞預測不再有誤差，我們不再感到驚訝，多巴胺也就不再分泌。

但成癮性藥物的刺激，繞過了預測與驚訝的複雜迴路，直接讓多巴胺大量分泌。所以上述的調控不會出現，一旦藥物上癮，渴望就變得無窮無盡。

成癮性藥物會破壞大腦正常運作所需的微妙平衡，讓患者無論處於何種狀態，多巴胺都大量分泌。這時候大腦不知如何應付，就會把藥物跟所有東西連結起來，過了一陣子之後，就會以為藥物可以解決生活中的所有問題。想要慶祝？嗑一劑。覺得難過？嗑一劑。要跟朋友出去玩？別忘了帶一劑。壓力大？無聊？輕鬆？緊張？憤怒？怨恨？有勁？疲憊？精力充沛？不管你有什麼感覺，來一劑就對了。像匿名戒酒會這類用十二個步驟幫助勒戒的團體都說，世界上有三種東西會讓藥物重新引發患者的興趣：人、場所、物品——對，基本上就是世界上的所有東西。

就連洗衣服，都讓你想吸毒

有很多引發毒癮的東西都很神奇。例如有個患者為了勒戒，而必須刻意避開動畫片，因為他之前買的毒品，包裝上印有動畫角色。有些患者更誇張，完全找不到自己的毒癮是被什麼引發的。例如一個海洛因成癮的人，每次去雜貨店就會想吸毒，勒戒也因此屢屢破功。於是有一天他跟輔導員一起去雜貨店尋找原因。兩人逐一走過商店中的每一排貨架，輔導員請他一覺得想吸毒就立刻告知。到了某個地方，患者停了下來說「就是現在！」奇怪的是，他們身處的是清潔用品區，眼前是一整排的漂白水，而漂白水跟毒癮無關吧？原來這名患者在接受勒戒前，會重複使用針頭，為了防止感染愛滋病，他注射前都會把針頭泡在漂白水裡消毒。所以如今看到漂白水，就讓他想起施打時的感覺。

快克為什麼比古柯鹼更爽？

藥物之所以能夠讓人上癮，就是因為它能觸發多巴胺欲望迴路。酒精、海洛因、古柯鹼，甚至大麻都有這個能力。但每一種藥物觸發的程度並不相同。能夠一次爆出大量多巴胺的藥物，比那些讓多巴胺慢慢釋放的藥物更容易成癮。此外，這種「多巴胺爆發高手」會讓吸毒者感到更愉悅，藥效消失之後引發的渴望也會愈強烈。每種藥物引發的渴望高低有別，大麻吸食者的渴望，通常就不如古柯鹼吸食者那麼高。但無論程度高低，所有成癮性藥物都能讓多巴胺爆發一波，之後也都能讓人一直想要。

成癮能力的重要差異之一，就是藥物分子的化學結構，有些藥物的結構，就是特別擅長讓多巴胺沿著迴路引發愉悅。但結構無法完全決定藥效，例如快克在分子結構上其實就是古柯鹼，卻比古柯鹼更容易成癮，威力甚至大到在一九八〇年代出道之後，很快就席捲了全世界的毒品界。

所以快克到底是靠什麼本領，讓世界各地的古柯鹼毒蟲成為它的奴隸？從科學的角度來看，答案很簡單：**多巴胺的爆發速度**。

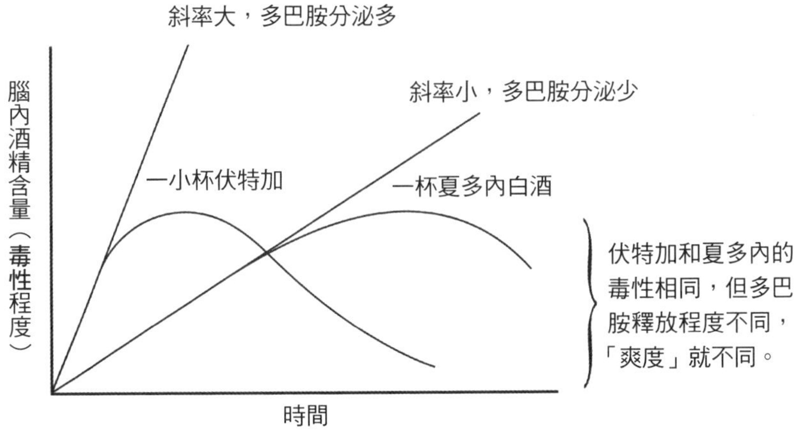

圖二

即使是同一種藥物，進入大腦的速度愈快，效果就愈大。以酒精為例，不同的酒類，進入大腦的速度都不同。圖二的橫軸是時間，縱軸是酒精進入大腦的量，夏多內白酒會讓酒精的量緩緩上升，但伏特加卻是快速暴衝。

斜率代表藥物（酒精）在腦中增加的速度。斜率愈大，多巴胺釋放愈多，快感與欲望也就愈強。

快克就是靠著速度，勝過粉末狀古柯鹼。快克是用煙霧狀吸食的，而古柯鹼是粉末。古柯鹼不耐高溫，但一旦製備成快克，就可以加熱為煙霧，不需要再從鼻腔接觸人體，而可以直接進入肺部。

這兩種方式的效果差異甚大。粉末狀古柯

鹼，是從鼻腔內部布滿血管的紅色黏膜進入血液之中；但接觸效率不高，因為鼻腔黏膜的表面積很小。吸食古柯鹼時，有些粉末根本碰不到黏膜，就白白浪費掉了，完全沒有機會進入吸食者體內。

當然，這不表示粉末狀古柯鹼不危險或不會上癮，而是表示煙霧狀的快克遠比它更危險。快克煙霧不會只停留在鼻黏膜，更能直接吸進肺部，肺的表面積很大，由數以萬計的微小肺泡組成，左右兩肺完全攤開來可以鋪滿一個網球場。廣闊的空間可以讓快克蒸氣充分進入血液，然後穿進大腦，快速刺激迴路，瞬間爆出大量的多巴胺。

多巴胺的釋放速度差異，也是成癮者很喜歡靜脈注射的原因。當其他吸食方式已經無法滿足他們想要的刺激，他們就會直接施打。當然，把針戳進身體裡很可怕，而且會明顯留下痕跡，許多人都因為恐懼，以及擔心被人發現自己的毒癮，而沒有開始使用注射。麻煩的是，即使是這樣的人，還是會去用煙霧狀的毒品。煙霧進入大腦的速度跟靜脈注射差不多，卻不會在身上留下疤痕。所以很多一開始以為只是偶爾吸幾口古柯鹼的人，最後都走上快克的不歸路。甲基安非他命（meth-amphetamine，即「冰毒」）以煙霧狀形式出現之後，也發生一樣的悲劇。

喝醉跟喝嗨一樣嗎？

不，兩者差多了，而且很多人都沒注意到。即使注意到，也未必知道為什麼。

酒精帶來的愉悅集中在前期。當你整晚連續喝酒，一開始是最爽的，因為這時候血中酒精濃度快速上升，讓你進入多巴胺式的愉悅，而且酒精濃度增加得愈快，爽度就愈高。但當你繼續喝下去，酒精增加的速度減緩，多巴胺就不再釋放了，於是「嗨」感消失，醉意來臨。所以很多人在最初幾杯下肚之後，都變得興奮、開心、活力滿滿；等到進入醉酒階段，卻搖搖晃晃、昏昏欲睡、口齒不清、判斷能力變差。不過，決定你有多嗨的，是酒精進入大腦的速度；但決定你會變得多醉的，卻跟酒精進入的快慢無關，只跟酒精總量有關。

很多不常喝酒的新手都把兩者混為一談。他們喝了前幾杯之後，血中酒精濃度上升，體驗到多巴胺帶來的快樂，就以為這就是喝醉的快樂。於是他們繼續狂喝，希望能持續嗨下去，最後往往徒勞無功，只是抱著馬桶痛苦地嘔吐。

不過還是有些人自己發現了兩者之間的差異。我在雞尾酒會遇到的一位女士就說，雞尾酒總是比啤酒更嗨。乍聽之下這毫無道理，畢竟不管喝的是啤酒還是黛可莉，酒精就是酒精。但其實想想，這還滿科學的。調酒比較濃，而且通常都有加糖調味，容易讓人喝得更快。再加上調酒一般也比啤酒或葡萄酒更烈，幾杯調酒下去，就會在短時間內攝取大量酒精，讓多巴胺大爆發；反倒是慢慢喝一整晚的啤酒，只會愈來愈醉。這名女士想要喝得開心，而不是喝個爛醉，所以當然是喝調酒比較舒服。少少幾杯雞尾酒引發的多巴胺，就能超越整個晚上灌下去的啤酒。

毒癮永不止息

雖然只要成癮者繼續用藥，對藥物的渴求就無法停歇，但大腦卻會逐漸無法產生快感，回饋機制的反應愈來愈差，導致嗑藥變得和喝鹽水沒什麼區別。[1]

1 科學家發現，長期使用古柯鹼的人在注射類似的刺激物時，分泌的多巴胺比接受相同藥物的健康人少了百分之八十，和注射食鹽水等安慰劑時的分泌量差不多。

前麻州參議員泰德・甘迺迪（Ted Kennedy）之子，曾任羅德島州第一選區眾議員的派翠克・甘迺迪（Patrick Kennedy），就很清楚藥物的刺激會逐漸減低。身為美國最重要的腦神經研究及先進心理醫療倡議者，他曾經飽受酒癮與心理疾病之苦。有一次在深夜酒駕撞上國會大廈的路障後，他終於公開承認自己的問題，在接受新聞節目《六十分鐘》（*60 Minutes*）萊思莉・斯塔爾（Lesley Stahl）的採訪時，表示自己就算不覺得愉快，還是會需要喝酒。

> 不是為了狂歡，也不是為了享受，只是想要減輕痛苦。人們常誤以為喝醉會飄上雲端，但你其實只是逃離了低谷。

所以癮君子就算吸古柯鹼、海洛因、大麻，或是喝酒喝到完全開心不起來了，他們還是會繼續沉淪。

還記得那個在麵包店吃到超讚可頌和咖啡的例子嗎？你本來沒有任何期待，這時發生了一些好事情，讓多巴胺系統瞬間開機——也就是說你的「預期」出了問題，但酬賞預測誤差卻讓你的大腦瘋狂分泌多巴胺。於是你開始每天去那家麵包店。現在想像一下，你正在排著隊，等著買咖啡和可頌當早餐，這時你的手機突然響了起來，來電顯示是你的老闆。她告訴你工作出了大包，要你放下手邊的事情，馬上去她辦公室。如果你夠認真負責，就算心裡又餓又氣，應該也會什麼都不買就離開麵包店。

接著我們把情境換到星期六晚上，成癮者的大腦正期待著平常的古柯鹼「大餐」，可是卻沒有等到。就像沒有可頌的上班族一樣，沒有古柯鹼的成癮者也會覺得又餓又氣。

當預期中的回饋沒有出現，多巴胺系統就會停擺。用科學的方式來說，多巴胺系統在休息時，每秒會分泌三到五次。而在興奮的時候，分泌次數會提升到每秒二、三十次。如果預期中的回饋沒有出現，多巴胺的分泌率會瞬間歸零，這種感覺非常糟糕。

所以多巴胺系統停擺才會讓人覺得又餓又氣。正在戒癮者的人每次想要遠離藥物保持清醒，都會有這種感覺。克服藥癮需要大量的力氣、決心和他人支持。所以別亂搞多巴胺，你會被搞死的。

欲望縈繞不去，快樂稍縱即逝

即使我們臣服於欲望，也未必能得到快樂，因為想要不等於喜歡。多巴胺很愛開一些不會兌現的支票，例如「買下這雙鞋，生活就會從此不同」。但即使那雙鞋真的改變了你的生活，也不會是多巴胺講的那樣。

第一個發現多巴胺欲望迴路跟「當下分子」喜好迴路不同的人，是密西根大學（University of Michigan）心理學與神經科學教授肯特．貝里奇（Kent Berridge）。貝里奇發現，大鼠嚐到甜甜的糖水就會舔嘴唇，這表示大鼠喜歡。但嚐到糖水之後也會繼續喝糖水，這表示大鼠想要。貝里奇在大鼠腦中注入化學物質，促進多巴胺分泌，結果發現大鼠喝的糖水變多了，舔嘴唇的反應卻沒變多。相反地，如果注入的物質會促進「當下分子」分泌，大鼠舔嘴唇的次數就增至三倍，同樣的糖水變得美味許多。

貝里奇博士對《經濟學人》（*The Economist*）表示，對大腦而言，「想要」系統的影響力很大；「喜歡」系統的影響力卻不但很小，而且很難觸發，很容易中斷。所以「我們經常產生強烈的欲望，卻很少享受到強烈的愉悅，即使出現也很難持續」。

大腦的「喜歡」系統涉及好幾條不同迴路，它們使用的傳遞物質是「當下分子」而非多巴胺。其中兩種「當下分子」，剛好就是讓我們因為陪在愛侶身邊而獲得長期滿足的腦內啡，以及內源性大麻素。海洛因、疼始康定（OxyContin）這類鴉片類藥物，之所以是最容易成癮的藥物，就是因為它們既會影響多巴胺的「想要」系統，也會影響腦內啡的「喜歡」系統。大麻也有類似的能力，而且是同時刺激多巴胺系統與內源性大麻素系統，而這帶來了一些神奇的效果。

多巴胺一旦增加，我們就會對那些雞毛蒜皮的小事充滿熱情。吸了大麻的人就是因為這樣，可以站在水槽前屏氣凝神地看著水珠從水龍頭上一顆顆滴落。同樣的效果，也讓他們漫無目的地漂浮在自己幻想出來的白日夢中。此外，有些時候大麻會像「當下分子」那樣抑制多巴胺分泌，於是上班、上課、洗澡這些涉及欲望與動機的行為，在吸食當下就變得不那麼重要。

衝動與惡性循環

成癮患者做很多事情都是出於一時衝動，有害的決定更是特別明顯。所謂的衝動，就是我們在高估眼前的快樂，低估長期後果的時候所做的行為。多巴胺引發的欲望，會壓倒腦中的理性，這時候我們即使知道眼前的選擇不符合最佳利益，也無法抗拒。當下及時行樂的強烈欲望，會侵蝕我們的自由意志，讓我們在減肥的時候被一包洋芋片打敗，讓我們明明很窮卻把口袋裡僅有的錢拿去整晚狂歡。

那些刺激多巴胺分泌的藥物，都會引發衝動行為。一位古柯鹼吸食者說：「只要吸了一排下去，我就變成全新的人。而重獲新生該做的第一件事，當然就是再吸一排。」會有這種反應，就是因為多巴胺系統一旦受到刺激，就會要求更多刺激。所以很多古柯鹼吸食者會一邊嗑藥一邊抽菸，尼古丁跟古柯鹼都會刺激多巴胺分泌，但比古柯鹼便宜很多，也更容易取得。

附帶一提，尼古丁的性質非常特別：它的功能幾乎就只有引發藥癮。約翰霍普金斯大學精神病與行為科學教授羅蘭·格里芬（Roland R. Griffiths）博士研究發現，「人們初次使用成癮性藥物的時候，通常都會覺得很爽，想要再來一劑；但尼古丁例外，大部分的人第一次使用時都不喜歡。」尼古丁既不會像大麻那樣讓你嗨，不會像酒精那樣讓你陶醉，也不會像冰毒那樣讓你興奮。有人說吸了尼古丁之後會放鬆，有人說吸了之後會提高警覺，但其實尼古丁的主要功能只有一個：讓你暫時不想再吸一發尼古丁。這種藥物的機制就像一個頭尾相接的圓，抽菸的唯一意義就是上癮，就是體驗欲望消失時如釋重負的感覺，就是刻意揹起一塊大石頭，體驗放下石頭時的神清氣爽。

藥癮，就是欲望的化學反應。多巴胺引發的強大原始衝動，可以完全壓倒那些主宰好惡的微妙系統。無論欲望的對象我們是否在意，對我們是否有益，甚至會不會把我們害死，只要「想要」的感覺湧了上來，我們就不顧一切。藥物成癮，與性格軟弱或意志力薄弱都毫無關係，只不過是欲望迴路被刺激過頭時所陷入的疾病。

戳多巴胺戳得太用力，戳得太久，它就會暴走。一旦它掌控了你，要扳回一成就難了。

帕金森患者玩電子撲克機玩掉了一整棟房子

會刺激多巴胺的藥物未必都是娛樂性用藥，有些處方藥也會讓欲望迴路大爆發，造成意想不到的後果。我們要靠運動神經系統迴路來控制肌肉，把想法化為行動，讓我們的意志跟世界互動。這套系統需要多巴胺，當多巴胺分泌不足，就會造成帕金森氏症，我們的動作會變得緩慢、僵硬、不斷顫抖。所以要減緩帕金森氏症，就要吃一些促進多巴胺分泌的藥物。

這種藥物通常不會產生什麼問題，但大概有六分之一的患者會開始追求快感，從事高風險行為，最常見的就是沉迷賭博、陷入性衝動、買東西買個不停。英國科學家為了研究這種風險有多高，找了三十名志願者。其中十五人服用帕金森氏症的藥物，即能在腦中生成多巴胺的左旋多巴（L-dopa）；另外十五人服用安慰劑。實驗以雙盲進行，實驗者與受試者都不知道每個人拿到的是什麼藥。

他們請受試者吞完藥之後去賭博，結果發現服用多巴胺藥物的受試者，更會去押高風險的賭法，下的賭注也更大。此外，男性受試者的差異也比女性更明顯。在此同時，研究人員請受試者評估自己的快樂程度，發現實驗組與對照組之間沒有差異。這項實驗表示，多巴胺迴路只會讓我們更衝動，不會讓我們更滿足；只會讓我們更想要，不會讓我們更喜歡。

而且，當科學家用強大磁場來觀察受試者的大腦，還發現了另一件有趣的事：受試者的多巴胺細胞愈活躍，就預期自己會賭贏愈多錢。

這種欺騙自己的方法還滿常見的。生活中最不可能發生的事情之一，大概就是中樂透。生出同卵四胞胎，以及走在路上被自動販賣機壓死的機率，都還比中頭彩高。被閃電劈到的機率，更是中頭彩的一百多倍。但買樂透的人還是絡繹不絕，「唉呦，買個希望嘛，」那些很會幫多巴胺找藉口的人都說「有夢最美，希望相隨」。

不過如果你覺得賭樂透不夠理性，那麼多巴胺藥物引發的某些行為，可能更會讓你匪夷所思：

> 二〇一二年三月十日，六十六歲的澳洲墨爾本居民「伊安」，在律師的幫助下向澳洲聯邦法院控告藥廠輝瑞（Pfizer）。伊安認為，該藥廠生產的帕金森氏症藥物Cabaser害他傾家蕩產。
>
> 伊安在二〇〇三年被診斷出帕金森氏症，醫生開給他Cabaser藥物，並在二

○○四年加倍劑量。但從此之後，他開始沉迷於電子撲克機。伊安早已退休，每月只有八五○美元的退休金可領，但每個月他一拿到錢，就全部投進撲克機；但這樣的錢根本不夠，於是他以八二九美元的價格賤賣自己的車，以六一三五美元典當了大部分財產，又跟親朋好友借了三五○○美元。之後，他跟四家金融機構總共借了五萬多美元；最後在二○○六年七月七日賣掉自己的房子。

上述全部加起來，這個家境普通的人，竟然在撲克機裡面丟了超過十萬美元。二○一○年他讀到一篇文章，說帕金森氏症藥物會助長賭性，於是決定停藥。而當他不再服用Cabaser，賭博的欲望就消失了。[2]

不過為什麼大部分的帕金森氏症患者，都不會做出這種自毀行為？也許會有這種副作用的患者，本身就有遺傳缺陷。此外，過去經常賭博的人在服用帕金森氏症藥物後，一擲千金的機率也比其他患者更高。也許某些人格特質會讓這種藥物更加危險。

除了賭博之外，帕金森氏症藥物還會引發性衝動。在妙佑醫院（Mayo Clinic）的系列研究（case series，追蹤患有某種疾病，或接受某種治療的一群患者）中有一個五十七歲男子，服用L-dopa之後，「每天至少必須做愛兩次，如果有機會的話次數更多。但他和妻子都有全職工作，而妻子忙於上班，讓他經常欲求不滿」。該男子六十二歲退休之後，問題變得更糟，為了滿足性慾，他侵犯了家族裡的兩名少女，以及附近鄰居的女性。最後他的妻子為了解決問題，只好辭掉工作來滿足他。[3]

另外一位患者，則是每天都花幾個小時泡在成人網站聊天室來訴說自己的性慾。不過即使是完全沒吃帕金森氏症藥物的健康人，也很容易被色情作品引發多巴胺衝動，而且網路的誕生讓這種風險愈來愈高。

當然，即使完全沒吃過帕金森氏症藥物，你也有可能陷入性愛成癮。因為有個恐怖的組合叫做「網路＋A片＋多巴胺」。

2 為保護個案隱私，本書的案例均經揉合。

3 大部分有這個問題的都是男性，但不代表女性就能免疫。妙佑醫院追蹤了十三位患者，其中兩位是女性，兩人都是單身，而且在服藥之前都相當禁慾。

我還要，我還要——A片與多巴胺的「情色合鳴」

二十八歲的男性「諾亞」因為色情片上癮而尋求就醫。諾亞在天主教家庭長大，十五歲在網路上查資料的時候，偶然看到一張裸女的照片，從此他對色情作品的欲望就變得一發不可收拾。

問題一開始並不嚴重，因為他的運氣很好，當時是撥接上網，「每張圖片都要下載很久」，每天能看的圖片不可能太多，而且一開始看的題材也都很「普通」。但科技的進展改變了一切，有了寬頻網路，他每天都從早到晚想看多少就看多少，一般的題材也愈來愈難滿足他，口味變得愈來愈重鹹。

他認為這種行為是一種道德淪喪，所以運用教會的力量來控制自己的衝動。他定期去教堂懺悔，從那裡得到支持，減少了看色情作品的需求。但一段時間之後，他被公司派到海外，一切全部破功。他不懂當地的語言，整個人生地不熟，於是變得更沉迷於A片、A圖。「我不斷天人交戰，感覺就像自己在跟自己做對。」而且在行為完全失控之後，他也不再覺得這是什麼重大道德瑕疵。「我需要吃藥解決，因為我終究還是想結婚。」

網際網路讓A圖、A片變得隨手可得。有些人因此擔心，即使是完全不吃任何藥物的健康人，也可能色情成癮。《每日郵報》二〇一五年就有一篇文章說，英國每二十五個年輕人，就有一個色情上癮。

劍橋大學的科學家對該報記者描述了一項相關實驗，研究人員找了一些年輕男性，讓他們一邊看A片一邊接受大腦掃描，結果不出所料，一開始看片，受試者的多巴胺迴路就亮了起來。而在播放普通影片之後，迴路又恢復了正常。

科學家讓其他志願受試者坐在電腦前，發現網路內容中最容易讓年輕男性不由自主點開來看的，就是裸女照片。此外，受試者在專心處理其他事務時，一旦看到「會引起高度性慾的色情圖片」就會分心。（你也可以在家做這個實驗。）最後科學家認為，當代有那麼多人被強迫性的性衝動所困，部分原因就是色情圖片實在太容易取得。

當陷阱唾手可得

一個成癮性物品會造成多大的問題，跟它多容易取得很有關係。海洛因刺激大腦的方式，顯然比菸酒更容易成癮，但成為公共健康問題的卻是菸酒而非海洛因，因為菸酒比較好買到。所以最能有效解決問題的方式，就是讓這些成癮性物品自然而然變少。

你一定在公車捷運上看過戒菸廣告，可惜這種廣告毫無作用。你大概也知道學校有在教導如何拒絕毒品和酒精，可惜在許多案例中，這類教材反而激起了青少年的好奇心，讓他們開始吸毒喝酒。目前唯一已知能夠持續讓人遠離這些物品的方法，就是提高它們的稅率，並限制銷售地點與銷售時間，這類措施一旦施行，使用率就會下降。[4]

但在這個香菸愈來愈貴的時代，A書、A片的取得門檻卻愈來愈低。很久以前的人得歷經九九八十一難，才能拿到幾張露骨的色情圖片，他們得走進雜貨店，拿起一本雜誌去結帳，還得祈禱收銀員不是異性。現在你只要點幾下螢幕，A圖跟A片就滿坑滿谷，而且可以完全不留下瀏覽紀錄。再也不用尷尬，再也沒人能擋得住你。

目前還不知道無法自拔地觀看色情作品，跟毒癮是否完全相同，但至少找到了一些共通性。那些離不開A書、A圖的人，跟藥物濫用的人一樣，都會花愈來愈多的時間使用這些東西。有些色情愛好者甚至茶飯不思，每天在成人網站上耗好幾個小時。同時，他們也不那麼常跟伴侶做愛，做愛時也沒那麼滿足。有個年輕男性完全放棄跟真人約會，他說照片裡的女人既不提出任何要求，又完全不會拒絕他，比真實的女人好太多了。

另一個共通之處，則是色情作品跟毒品都會產生習慣性，會讓你使用得愈來愈多，愈來愈重口味。同樣的色情圖片，成癮者看了愈多次，興趣就愈低，多巴胺迴路的活性也逐漸下降。健康男性也一樣，同樣的A片看愈多次，引起的反應就愈低，但新的影片一旦出現，多巴胺系統就又嗨了起來。成癮者之所以無法自拔地瀏覽色情網站，可能就是因為這樣，A圖一旦變得一成不變，多巴胺就會下降，促使他們去找新的材料來看，享受另一波的多巴胺衝浪快感。多巴胺的誘惑本來就很難抗拒，性愛則是跟演化存亡相當有關，兩者一旦結合，抵抗想必更難。附帶一提，相關研究者發現，成癮者對色情作品的喜愛程度，也跟毒品成癮者

4 不過提高菸酒稅率，尤其是香菸稅率，會帶來其他問題。香菸價格提高，吸菸者的確會減少，但繼續吸菸的人，卻往往是教育程度跟收入低的人。這時候，香菸稅就變成了一種劫貧濟富的措施，完全不像其他的稅收那樣，是讓有經濟能力的人來支付。不過支持香菸稅的人認為，雖然這種稅是在跟窮人收錢，但能降低窮人罹患癌症、肺氣腫、心臟病的風險，長久來說反而能改善窮人的財務狀況。

很像：「他們在觀看色情作品時的行為，顯示他們更「想要」繼續看這類作品；但他們給A片的評分，卻顯示他們未必真的『喜歡』。」

電玩也會上癮嗎？

把人綁在螢幕前面，可不是色情作品的專利，某些科學家認為電玩也有這個特性。電玩跟賭博有某些共通性，例如會像拉霸一樣，給予玩家出乎預料的獎勵。但除此之外，電玩刺激多巴胺的能力，可能更勝於賭博性遊戲機。愛荷華州立大學心理學家道格拉斯‧健泰爾（Douglas Gentile）發現，八至十八歲的遊戲玩家中，有十分之一的人已經為了打電動而傷害了家庭、社會、課業、心理，比全國賭癮研究委員會（National Research Council on Pathological Gambling）得出的賭博成癮率高出五倍以上。為什麼這兩個數字會差這麼多？

原因之一，就是健泰爾研究的對象都是青少年。成年人幾乎不會因為打電動而產生嚴重的傷害。但青少年的大腦還沒有完全發育，做事方式可能會類似腦部受損的成年人。青少年與成人大腦最大的差異在於額葉（frontal lobe），額葉就像是剎車，可以在我們即將做出蠢事之前及時阻止；但額葉要到二十多歲才會發育完成，所以也許青少年的判斷力就是會輸給成人，即使完全知道事情的利弊，也更容易做出不明智的決定。

當然，原因不止於此。電玩比拉霸複雜多了，設計師可以放入更多刺激多巴胺的機制，讓玩家無法自拔。

電玩的魅力都靠想像力，它讓玩家沉浸在一個想像出來的世界，以無窮無盡的可能性讓多巴胺放肆狂衝，不需要面對現實。電玩的場景可以瞬間改變，每一秒都充滿驚喜，你從沙漠出發，沒過多久就進入雨林，轉個身又鑽進城市中的絕望暗巷，然後突然坐上火箭前往未知的太空。

而且電玩除了能讓我們探索，還能讓我們不斷前進。電玩裡的每一秒都比前一秒更美好，玩家一邊突破關卡，一邊累積能力跟技能，簡直就是多巴胺夢寐以求的環境。而且為了讓玩家知道目前的進展，螢幕上都會顯示點數或進度條，讓玩家想要不斷推進。

此外，電玩中充滿獎勵。玩家經常要蒐集金幣、寶物，或者抓住獨角獸來破關，而且遊戲一定不會讓玩家直接知道下一個獎勵在哪裡。有些遊戲的寶物是怪物掉的，有些則要開寶箱。

所以當你遇見一個寶箱，你只知道它可能裝有你要的寶物，卻不知道打開之後會不會有。這跟酬賞預測誤差很有關係，如果你要蒐集七顆寶石，而每個寶箱裡都有一個，那麼你只要數自己遇到幾個寶箱就可以，過程完全沒有驚喜，沒有酬賞預測誤差，你也不會分泌多巴胺。相反地，如果寶箱裡出現寶石的機率只有千分之一，那麼絕大多數時候開寶箱都是徒勞無功，所有人都會放棄。所以掉寶率到底應該設定成多高，玩家才會繼續玩呢？設計師仰賴大量的數據來決定。

當代的線上遊戲可以不斷追蹤玩家的資訊，包括每個人玩了多久？什麼時候開始不玩？哪些活動能讓玩家玩最久？哪些會讓玩家放棄？遊戲學者湯姆．查特菲德（Tom Chatfield）表示，目前最大的線上遊戲已經累積了數以億計的資料點，可以清楚分析哪些內容能夠啟動玩家的多巴胺，哪些內容又會讓多巴胺不再分泌。當然，設計師不需要知道這些機制來自多巴胺，他們只需要知道怎樣的內容「有用」。

所以根據大量資料，要讓玩家待在遊戲裡最久，寶箱的掉寶率要設成多少呢？答案是百分之二十五。當然，這不表示剩下的百分之七十五都是空箱子，設計師會在裡面擺一些便宜的寶物，讓每個寶箱打開來都有驚喜。所以有些寶箱打開來是一枚金幣，有些是步槍的瞄準鏡，有些是讓角色看起來更酷的太陽眼鏡。同理，設計師也會在寶箱中，擺一些徹底改變遊戲玩法的強大道具，但根據查特菲德的說法，這種道具出現的機率只有千分之一。最後附帶一提，遊戲通常不會讓你光靠七顆寶石就進入下一關。大量資料顯示，要讓玩家在遊戲裡泡得最久，你最好把過關所需的道具數量設在十五個。

值得一提的是，某些「當下分子」掌管的愉悅，也會讓電玩提升吸引力。很多遊戲都可以跟朋友一起玩，這時候電玩就能讓我們享受與他人相處的滿足。而且當我們跟朋友一起完成目標，就既能體驗到多巴胺的刺激，又能擁有「當下分子」的社交愉悅。我們一起朝著更美好的未來邁進，即使只是占領敵方基地。

最後，美的事物也能刺激「當下分子」分泌，而很多電玩都非常美麗。而且當下的電玩業已經砸下重本，吸引許多優秀的人才來設計，很多成果會讓你大吃一驚。根據《洛杉磯時報》的報導，線上遊戲《星際大戰：舊共和國》（*Star Wars: The Old Republic*）的開發者就橫跨四大洲，總計八百多人，花了二億美元以上寫出一個廣闊的世界，需要一千六百小時才能走完所有故事線。砸這麼多錢去寫遊戲當然很冒險，但只要成功就能賺到大錢，例如最成功的作品之一《俠盜獵車手》系列（*Grand Theft Auto*）第五代的銷售額，在發售第三天就達到十億美元。美國人每年在電動上消費超過二〇〇億美元，即使是美國影史票房最高的二〇一六年，電影票的銷售總額也只有這數字的一半。

多巴胺對抗多巴胺

把「想要」誤解成「喜歡」還滿自然的，畢竟每個人都會想有一些自己喜歡的東西。如果我們真的很理性，那麼我們就會照著這種邏輯去追求自己喜歡的東西；可惜所有證據都顯示我們並不理性，只是**以為**自己很理性。我們經常想要一些自己不喜歡的東西，而且欲望會讓我們吸毒、賭博、做出各種失控的行為，毀掉我們的人生。

多巴胺欲望迴路非常強大，它給我們動力，讓我們專心，給我們刺激，深深影響我們的選擇。但它並不是全能的。即使染上毒癮也能勒戒成功，即使暴飲暴食也能節食減肥。我們總是可以關掉電視離開沙發，出門跑個步。但究竟什麼迴路的力量，大到可以對抗多巴胺？答案還是多巴胺。我們經常靠多巴胺來對抗多巴胺，這種抗衡欲望的迴路，就叫做**多巴胺控制迴路**（dopamine control circuit）。

也許你還記得，著眼未來的多巴胺迴路，跟掌管此時此刻的「當下分子」迴路彼此拮抗。當你一邊吃著午餐，一邊想著要去哪裡晚餐，你可能就無法享受口中三明治的味道、香氣、口感。但除了「當下分子」以外，其實多巴胺迴路本身也會互相作對。

為什麼大腦會讓迴路彼此作對？大家同心協力不是比較好嗎？不，系統裡有彼此抗衡的元件，反而比較好控制。汽車會設計油門跟剎車，大腦裡也有彼此對抗的迴路。

跟多巴胺控制迴路有關的部分是額葉，它是最晚演化出來的，所以有時候又稱為「新皮質」（neocortex）。多巴胺控制迴路讓人類與眾不同，它賦予我們想像力，讓我們能夠制訂長期計畫，設想比欲望迴路更遙遠的未來。此外，這種迴路也讓我們思考未來要製造哪些新工具，使用哪些抽象概念來盡量獲得最多資源。它非常理性，沒有感覺，因為感覺只屬於當下，而語言、數學、科學這些抽象的東西都超越當下的感官體驗。在下一章我們會看到，這種迴路精於算計、冷酷無情，為達目的不擇手段。

第三章　主導之戰

動而無謀，無以成事；謀而不動，隨俗浮沉。

——威廉·詹姆斯（William James）

一個冷靜的決斷，勝過十次草率的會談。

——伍德羅·威爾遜（Woodrow Wilson）

我們的意志可以撐多久？

多巴胺的力量強弱，決定我們能不能解開難題、克服逆境、控制情緒、超越痛苦、支配身邊的環境。

規畫籌算

當我們想要某個東西，就得搞清楚如何拿到，光是在腦袋裡想，幾乎無法如願以償。此外，我們還得知道取得那個東西得付出什麼代價。當我們不思考接下來**該怎麼做**、**該做什麼**，我們不但會失敗，還會把自己害慘，例如暴飲暴食、恣意賭博、濫用藥物，甚至做出更糟的事。

多巴胺欲望迴路是原始欲望的來源，它總是喊著「再來！再來！」讓我們永遠想要更多。但它無法完全掌控我們，因為我們有另一套多巴胺迴路來計算每個東西是否值得擁有。後面這套迴路讓我們制訂計畫，設法支配身邊的世界，藉此獲得想要的東西。不過，為什麼多巴胺可以同時做出兩種不同的事情？答案就是「作用的路徑」。想想太空梭用的燃料吧，同一種燃料放在主引擎，就能讓太空船往前飛，放在側面推進器就能調整角度，放在制動火箭就能用來減速。太空船會怎麼動，完全取決於燃料點燃之前放在哪個路徑，結合所有的路徑，就能讓太空船飛向目的地。多巴胺也是一樣，它在不同的大腦迴路中產生不同功能，所有功能結合起來，就能讓我們一直集中精力改善未來的處境。

我們的欲望來自中腦邊緣迴路（mesolimbic circuit），也就是本書所稱的「多巴胺欲望迴路」。我們的計算、規畫、各種掌控局面的行為，則來自中腦皮層迴路（mesocortical circuit），本書稱為「多巴胺控制迴路」（dopamine control circuit）（圖三）。之所以稱其為控制迴路，就是因為這種迴路的功能，就是控制多巴胺欲望的衝動，把原始的力量導向建設性的行動。此外，這種迴路會運用抽象概念，進行前瞻規畫，讓我們得以控制身邊的世界，主導所處的環境。[1]

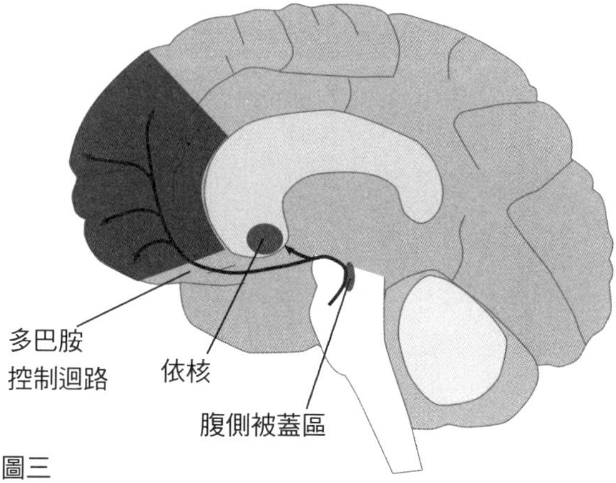

圖三

此外，多巴胺控制迴路是想像的來源。它讓我們窺探未來，看到每一個選項分別可能會帶來什麼結果，然後以此做出選擇。最後，它還讓我們做出規畫，把想像化為現實。控制迴路跟欲望迴路一樣，都只在乎我們目前還沒有的東西，都活在尚未發生的世界裡。此外，這兩個迴路也都從同一處出發，但欲望迴路的終點負責觸發興奮與熱情，控制迴路則會前往專責邏輯思維的額葉區域。

所以，雖然這兩種迴路都讓我們能夠思考目前還不存在的「幻影」，但欲望迴路把幻影當成未來想要擁有的東西；控制迴路則用幻影激發想像與創意，讓我們形塑理念，制訂計畫，發想理論，創造數學、藝術、未來世界的藍圖，以及各種抽象概念。

欲望迴路給我們欲望，**控制迴路則進一步把欲望變成目標**。它讓我們去理解、分析、模擬身邊的世界，評估每種發展的可能性以及利弊得失，然後找出方法把想像化為現實。欲望迴路叫我們盡量獲取資源，獲得演化優勢；控制迴路則讓我們以更新的點子、更複雜的做法去獲取資源，進一步強化優勢。欲望迴路像是汽車後座的小孩，只會在看到麥當勞、玩具店、人行道的小狗時大喊「你看！你看！」；控制迴路則是掌握方向盤的父母，會理性評估每個請求是否真的值得停下來看，以及車子在路邊要怎麼停。欲望迴路提供興奮跟動機，控制迴路則用這些動力來評估選項、選擇工具、制訂實施策略。

---

1 本書所謂的「環境」（environment）與常見的意義不同。當我們在日常生活中提到「環境」，通常都是指那些需要維護的大自然。但神經科學家所謂的「環境」，卻是指外在世界中影響我們行為與健康的萬事萬物，也就是我們的基因管不著的所有東西。這不僅包括山川草木，更包括食物、住所、其他人，以及我們與其他人之間的關係。

舉例來說，某個年輕人想買人生中第一輛車。如果他腦中只有欲望迴路，就會買下第一臺看到的車。但事實上他也有控制迴路，所以會更仔細地選擇。每輛車各有利弊，例如假設這個年輕人很節儉，就會想要盡量去撿便宜的好車，所以他會花好幾個小時逛汽車評論網站、事先制訂殺價策略、盡量了解每個細節，這樣到了現場就能評估車子的真實價值。等到他真的走進店裡，無論經銷商說什麼，他都早有準備，所有資訊和話術都瞭若指掌，買車過程完全在他掌握之中，感覺真棒。

或者某個女性正要去上班，尖峰時間的車流擁擠，所以她繞了一條遠路去火車站。到了車站的停車場，她鑽進一個很少人知道的角落，找到空位停車。她走上月臺，來到候車位置的最前方，等待車門打開的第一時間搶到座位，在前往市中心的漫長時間中好好坐著。整段上班路程都在她的掌握之中，感覺真棒。

了解事物的機制、制訂買車「策略」、設計上下班的複雜流程，都是很有趣的事情。但我們為什麼會覺得有趣？因為多巴胺會鼓勵我們做出能夠盡量獲得、利用資源，藉此獲得演化優勢的事情。只要我們開始做這種事，而且做得很好，讓我們之後過得更舒服、更安全，多巴胺就會給我們一點「獎賞」。

毅力

我沒有失敗，我找到了一萬種行不通的方法。

——湯瑪斯・愛迪生

一個年輕人在大學畢業後不久，覺得人生沒有方向，決定去找心理治療師。他在學校成績平平，但還是勉強混完了四年，每天按表操課、每週都有作業的生活，讓他的世界相當規律。但畢業之後，這些全都沒了。

他沒去上班，也不知道自己要做什麼，唯一有興趣的事情就是整天抽大麻。之前他做過一陣子的櫃檯，但因為太常遲到蹺班，很快就被開除。之後他爸又幫他找了一個白領工作，但沒過多久，整個辦公室都知道他心不在焉，還是辭退了他。如今，他對什麼都提不起勁，每個人看了都想避開。

他的人際關係也一樣糟糕。他在大學時期跟女朋友談了滿久的戀愛，但畢業後就分手了。治療師聽完敘述覺得分手是好事，因為這個女生似乎完全不愛他，只會叫他買一堆禮物、做一堆家事，把他當工具人。年輕人其實也知道自己被利用，但還是不斷回去找她希望復合，對方一邊拒絕，一邊繼續剝削他的好意，叫他開四個小時的車買檯燈送到她家。

最後，就連心理治療也失敗了。年輕人沒有能力貫徹心理治療需要的改變，他陸續換了四位治療師，嘗試各種方法，但全都沒有起色。過了三年之後，他還是不知道自己要做什麼，於是繼續泡在大麻裡，纏著前女友希望復合。

人生不如意十之八九。我們小時候就知道，透明膠帶只能黏合紙上的裂痕，無法修好壞掉的玩具和碎掉的餐盤。在自家車庫開發出關鍵科技的人，總是會覺得自己的技術明明能翻轉世界，卻走到哪裡都處處碰壁。成功，需要年復一年的努力與更新，最後登上舞臺的成品往往和初稿天差地遠。夢想如果停在腦中，就永遠不會實現。如果想要實現，就得向不完美的現實妥協，就得擁有方法，以及不屈不撓的毅力。幸好，毅力也是來自多巴胺。

大鼠的決心

實驗室研究毅力的方法之一，就是看看大鼠願意為了獲得食物付出多少力氣。例如可以設計一根拉桿，只要壓個幾次，飼料就會從滑軌滑進籠子，然後逐漸增加按壓需要的次數，觀察大鼠到了什麼時候會開始放棄。

康乃狄克大學的科學家就是用這種方法，觀察大鼠腦中多巴胺活性，與行為毅力之間的關係。他們先讓大鼠一直吃低熱量食物，使其體重降低百分之十五（相當於成年人的體重少了十二．五公斤），確定大鼠飢餓，但體力還過得去之後，把牠們放進籠子裡，讓牠們用壓桿子的方式獲得Bioserve營養片。這種營養片有各種口味，例如培根、巧克力棉花糖、椰林飄香雞尾酒，是大鼠相當喜歡的零食。

科學家先把大鼠分成兩組，第一組是對照組，只給予食物，不作任何改變。第二組則在大腦中注射神經毒素，破壞一部分多巴胺細胞。做完之後就開始實驗。

第一個實驗很簡單，每隻大鼠只要壓一次拉桿，就能得到Bioserve零食，既不需要勞力也不需要決心。這個實驗是為了確保大鼠無論能否正常分泌多巴胺，都會喜歡這種零食，畢竟如果缺乏多巴胺的大鼠不再喜歡Bioserve，之後就無法測試牠們願意為了獲得零食付出多少努力。

在這個階段，失去多巴胺的大鼠壓下拉桿的次數，跟正常的大鼠一樣多，拿到零食之後也都會吃光光。這一切都在意料之中，畢竟多巴胺的多寡，並不會影響我們有多麼喜歡和享受。不過下一個實驗，兩組大鼠的行為就產生明顯差異了：

原本壓一次拉桿就會掉下飼料，但科學家把需要的次數增加到四次。這時候，正常大鼠在三十分鐘內按壓了將近一千次拉桿；缺少多巴胺的大鼠卻只按壓了大概六百次，動力顯然低了許多。

之後按壓次數進一步調高，需要壓十六次才會掉下一顆飼料。這時候正常大鼠壓了接近兩千次，缺少多巴胺的大鼠則只比之前多按了一點點。當然，得到的食物數量就只剩四分之一。

在最後一次實驗中，大鼠需要壓六十四次拉桿才能獲得一顆飼料，這時候正常的大鼠每秒壓一次以上，在整整三十分鐘內按了大約兩千五百次；缺少多巴胺的大鼠則不但不努力，甚至直接放棄了，按壓的次數變得比上一次更少。

看來多巴胺消失之後，大鼠的動力似乎也消失了。不過要怎麼確定多巴胺影響的是大鼠的毅力，而非喜歡飼料的程度呢？科學家又做了一項實驗。

肚子不餓的時候，美食就沒那麼誘人對吧？即使你很愛冰淇淋，但剛吃完一頓大餐，大概就只會淺嚐即止，因為這時候冰淇淋對你的意義沒那麼大，這跟你有多勤奮無關，只跟飢餓程度有關。為了確定多巴胺影響的是大鼠的勤奮程度，而非食物的意義，科學家又做了一個飢餓程度與按壓次數的實驗。

他們找來另一批大鼠，先餵一頓大餐再進行實驗。結果發現無論要壓幾次拉桿才會掉下飼料，這些肚子飽飽的大鼠按壓次數都是飢餓組的一半。當需要的按壓次數加倍，飽食組的按壓次數也變成兩倍；需要的按壓次數變成四倍，飽食組的按壓次數也增為四倍。但無論怎麼改動，飽食組都會在實驗進行到一半的時候停止按壓，看來原因既非懈怠，也非放棄，只是因為牠們飽了，不想繼續吃下去。

這點出一個重要的微妙差異。飢餓的感覺會影響飼料對大鼠的意義，但不會影響大鼠的工作意願。飢餓的感覺，是由當下分子掌管的立即體驗，而非由多巴胺驅動的預期性體驗。當你夠餓，拉桿帶來的飼料就非常有**價值**，但你還是需要多巴胺，才能激起動力去壓拉桿。

到了這裡，我們就會想進一步知道，多巴胺究竟如何影響工作與休息之間的平衡。舉例來說，當我們想要吃一頓豪華大餐，我們會為了它努力賺錢。但在不想吃的時候，我們寧願爛在電視機前吃奇多玉米棒，也不願意花幾分鐘做一頓簡單的飯。要如何區別兩者之間的差別？科學家給大鼠好幾種獲得食物的方法。

他們把大鼠放進籠子，裡面有一組會掉出飼料的拉桿，和一碗基本食物。基本食物就在大鼠眼前，什麼都不做也能吃到；Bioserve飼料很好吃，但需要壓四次拉桿才會掉下來。科學家藉此觀察，缺乏多巴胺的大鼠會不會連這一點點努力都不願意付出。結果確實如此，正常的大鼠跑去壓拉桿，享受Bioserve的美味；缺乏多巴胺的大鼠則去吃平乏無味的基本食物。

看來要付出努力，我們確實需要多巴胺。工作的優劣與方法當然還跟許多因素有關，但如果失去了多巴胺，我們會什麼都不做直接擺爛。

自我效能：多巴胺讓你充滿自信

只要用一些培根口味的 Bioserve 零食，就可以讓大鼠奮力壓拉桿；但要讓人類擁有動力，可就沒那麼簡單。我們要獲得成功，首先得先**相信**自己能夠成功。而我們相不相信自己會成功，又會影響到我們能不能撐到成功的那一天。如果一開始的成果不錯，我們之後會更願意繼續嘗試下去。很多瘦身計畫就是利用這種原理，讓你在前幾週就減掉兩三公斤，因為他們知道，如果一開始體重沒有明顯下降，你就很可能直接放棄；但當你一旦知道自己能跟贅肉說掰掰，你就更可能願意堅持下去。這種原理，就是科學家所謂的**自我效能**（self-efficacy）。

古柯鹼、安非他命這類會促進多巴胺分泌的藥物，都會提高我們的自我效能感，但通常都會讓它高得很不健康。很多吸食者都在過度自信之下，承攬了大量的工作，最後發現根本做不完。重度成癮者則是會陷入非常誇張的幻覺，在毫無佐證的情況下相信自己寫出了史上最傑出的論文，或者發明了拯救世界的機器。

當然，如果程度適當，百折不撓的自我效能感就非常有用。很多時候，它會編寫出自我實現的正面預言，讓我們相信天下無難事，奮力衝破眼前的高牆，邁向成功。

嗑藥的代價：樂觀、苗條與死亡

一九六〇年代早期，醫生開了很多安非他命，促進腦中的多巴胺分泌，讓人變得像當代廣告常說的那樣「開心、樂觀、機警」。用這些藥丸「調整精神狀態」的大多是女性，比例是男性的兩倍。她們吃藥之後，就會像某位醫生所言，「不但有辦法做好職責，而且會愛上這些職責。」簡單來說，討厭煮飯或打掃沒關係，快一點做完就行。

當然，事情都有代價。為了讓這些家庭主婦開開心心地快速解決家務工作，並且保持苗條的身材，一九六〇年代開立的安非他命藥片，每年有二十億片之多。相關問題隨之而來：服用者的體重雖然減輕，但往往付出高昂代價，而且一旦停藥就打回原形。此外，患者會產生耐受性，要達到相同的效果，劑量就得不斷提高。而大量的安非他命非常危險，不但會改變性格，還會導致精神疾病、心臟病、中風、死亡。此外，它會讓人過度自信，某位服用者就說：「我吃了之後就覺得自己聰明睿智、充滿魅力，跟誰都能聊得來。」

「而且我覺得，工作的時候如果想要直接幫到那些腦殘的客戶，就得用一些紆尊降貴的說法，直接告訴他們應該怎麼做。我的家人說我變得愈來愈自大、傲慢、刻薄；像是我哥就說我整天擺出不可一世的樣子，不過他根本只是嫉妒我。」另一位服用者說得更直接：「一吃下去，我就成了速度之神。」可惜的是，真正的神並不會因為嗑藥而死。

某個大學生打算坐飛機回家過春假。當然，大學生都很窮，所以她訂了一臺便宜的接駁車，只要十五美元就能到機場。她看了看接駁車的時刻表，決定請對方中午十二點半到附近的旅館接她。

奇怪的是，接駁車沒有來。她到了下午一點開始緊張，一點半終於發現事情不太對勁，到了兩點她開始全身冒冷汗。她不斷打給接駁車公司，但對方只會不斷跳針，說「司機已經出發了」。旅館的警衛看不下去，問她要不要改叫計程車。她一度拒絕，但眼看快要來不及，最後還是接受了。

三十分鐘後，學生付了四十美元走出計程車，穿過機場大門直奔接駁車櫃檯，叫對方賠償計程車與接駁車的差價。因為這顯然是公司的錯，明明說好十二點半來接她，卻完全不見人影，害得她得坐超貴的計程車。這之間的差價沒理由讓她來付，她堅持叫公司吐出來。接駁車櫃檯的職員其實無權付錢給她，而且知道如果真的打官司，這學生必定敗訴；但對方義正詞嚴，信心滿滿，完全不聽任何解釋。於是職員打開了收銀機，拿出二十五美元交給她。

為什麼學生拿到了賠償？為什麼她自信不移的氣場，能讓櫃檯人員冒著被公司責罵的風險拿出錢來？這通常是因為有些他們並未察覺的事也同時在發生。

史丹佛商學院的研究者，想知道各種微妙的非語言行為，如何影響我們對彼此的看法。他們指出，當我們大搖大擺地伸展肢體，占據一大堆空間，看起來通常就像主導的老大。而當我們縮成一團，盡量不占據空間，看起來通常就像服從的嘍囉。

研究者設計了一項實驗，來探索主導與服從的非語言行為，會造成怎樣的影響。他們讓兩個相同性別的人，坐在同一個房間裡討論名畫。但整個實驗其實與畫作無關，其中一個參與者是暗樁，會刻意在研究人員要求下，擺出主導的坐姿——把手肘伸開，搭著旁邊空椅子的椅背，同時把右腿蹺在左腿上；或者擺出服從的坐姿——雙腿併攏，雙手放在膝蓋上，身體微微前傾。整個實驗的目的，是要觀察另一位參與者，也就是真正受試者的坐姿，會有什麼改變。

一般來說，我們在聊天的時候，都會模仿對方的動作。如果你一邊說話一邊摸臉或做手勢，我說個幾句之後也會開始這麼做。但這個實驗的結果卻完全相反。暗樁擺出主導的坐姿之後，大部分受試者擺出了服從的坐姿，反之亦然。這似乎顯示主導與服從是互補的，別人的主導使我們服從，別人的服從讓我們主導。

當然，事情還是有例外。少數受試者沒有擺出互補的姿勢，而是模仿了暗樁的姿勢。而這讓研究人員好奇，受試者擺出的姿勢，跟聊天時的感受有沒有關係。所以在聊天結束後，研究人員請受試者填寫問卷，問他們喜不喜歡剛剛聊天的這位夥伴，聊天的過程舒不舒服。結果發現，無論暗樁擺出主導或服從的坐姿，那些採取互補坐姿的受試者，都說自己比較喜歡暗樁，而且跟暗樁聊天的過程都比較舒服。

最後，研究人員用幾個問題，來確認受試者有沒有意識到自己的反應，有沒有發現自己的姿勢會受到聊天夥伴的影響。答案是，受試者都沒發現。他們的身體反應發生在意識之外。

如果某個人深信自己會成功，附近的人都會下意識發現，並因此讓路給他。這些人在多巴胺的影響下，表達出強大的自我效能感，讓我們自動服從。大腦會演化成這樣，其實相當明智：如果你的勝率很低，那最好的方式就是不要打。所以如果對手放出的訊號表示他很可能獲勝，我們最好避其鋒芒。很多靈長類動物都有這種行為反應，黑猩猩一看到對方擺出主導的姿勢，就會盡量縮成一團；而且如果沒有縮成一團，反而擺出相同的主導姿勢，通常就會陷入長期衝突，打得頭破血流。

大逆轉

體育界有很多以弱勝強的傳說，什麼貧民窟的運動奇才啦、二線選手以黑馬之姿奪下錦標啦、臨時隊員一鳴驚人成為職業球星之類的，總之就是弱者打敗對手、弱雞球隊戰勝一線強隊、弱勢者克服困境力爭上游的故事。體育電影也幾乎都是這類故事，《衝鋒陷陣》（*Remember the Titans*）、《豪情好傢伙》（*Rudy*）、《少棒闖天下》（*The Bad News Bears*）、

《紅粉聯盟》（*A League of Their Own*）、《洛基》（*Rocky*）、《籃球夢》（*Hoop Dreams*）、《小子難纏》（*The Karate Kid*）等，不勝枚舉。但這些故事都沒有解釋，一個運動員或運動隊伍，究竟要怎麼贏過技巧跟實力都比自己強大的對手。很多人都會說，答案是運氣。但更合理的答案，其實是他們的自我效能感高到爆棚。自我效能感最誇張的例子之一，就是一九九三年一月三日的職業美式足球聯盟季後賽，球迷口中的「絕地大反攻」（The Comeback）

在第三節比賽的開頭，水牛城比爾隊以三比三十五遠遠落後休士頓油商隊。比爾隊的球迷都認為大勢已去，紛紛走向球場出口；休斯頓電臺的主持人也說出球場大燈從早開到現在，已經可以「為比爾隊熄燈了」。

然而休息時間結束過後，局勢開始改變。油商隊踢歪了一球，讓比爾隊得以在四十一碼線拿到發球權——但運氣並不能解釋比爾隊後來的超狂表現，因為反攻開始後，比爾隊在短短的十分鐘內就得了二十一分。一名球員說：「當時我們想得幾分就得幾分。」有個外場的比爾隊球員發現油商隊擋不住友軍的攻勢，甚至開始大叫「他們根本不想贏！他們根本不想贏！」比爾隊強大的自我效能感，讓他們覺得這場球贏定了，於是充分發揮潛力，在球技跟能力上都勝過了對手。在比爾隊的反攻下，比賽進入延長賽，最後比爾隊用一記三十二碼線射門，以四十一比三十八贏得比賽。這場勝利也成了國家橄欖球聯盟史上追分最多的反攻。

值得注意的是，在對戰油商隊的一週之前，比爾隊的明星四分衛吉姆．凱利（Jim Kelly）受傷，於是弗蘭克．賴克（Frank Reich）上場代打。賴克是反攻高手，從大學時期就紀錄輝煌。十年前，他曾率領馬里蘭大學淡水龜隊（Maryland Terrapins），在上半場一分未得，落後邁阿密大學颶風隊（Miami Hurricanes）三十一分的狀況下，下半場大舉反攻，以四十二比四十分逆轉得勝。另一方面，比爾隊的逆轉戰史，也在油商隊之役之後繼續延續。四年之後，四分衛陶德．科林斯（Todd Collins）在落後二十六分的情況下，帶領全隊擊敗印城小馬隊（Indianapolis Colts），創下常規賽第二高的逆轉比分紀錄。水牛城比爾隊的自我效能似乎不斷傳承，成功帶來自信，自信創造成功。

試著溫柔一點嘛！

詹姆斯在盛怒之下拿起桌上的釘書機，扔到辦公室的牆上。他從基層開始一直往上爬，終於在中年成為大公司的副總裁，但他一點都不討人喜歡，之所以能夠晉升，只是因為認真工作從不喊苦。暴力事件發生之後，老闆叫他去做心理治療。他對治療師坦承，他知道自己這樣的人要是對公司沒有價值，早就被開除了。他也不喜歡這樣，但就是控制不住自己的脾氣。

詹姆斯小時候受過虐待，而且一直沒走出來。但他把這個祕密藏在心底，告訴自己這只是一件很久以前的小事。成年之後他離過兩次婚，最後完全放棄了戀愛，把工作當成一切。

最近幾年，他的脾氣愈來愈大，有一次在超市裡，購物車只是被一個女人撞到，他就大吼大叫，結果被店家攆出去；還有一次，只是因為計程車司機算錯車資，他就伸手推人，結果當然被警察逮捕。警察後來撤銷了指控，不過詹姆斯似乎毫無悔意。直到這一次，他才終於發現事情鬧大了，他的人生只剩下工作，為了保住工作他什麼都願意，即使必須面對自己的過去。

詹姆斯的情緒復原力非常差，治療師認為如果直接挖掘昔日的創傷，可能會不小心引爆地雷，讓他的脾氣更加惡化。所以他們決定先想一些辦法，降低目前的情緒壓力，例如教詹姆斯一種技巧，讓他無論遇到誰，都不太會直接發生衝突。這種方法就是「操弄」。

詹姆斯需要很長的時間，才能開始真正相信他人。但詹姆斯不笨，他很快就發現，想讓人好好辦事，微笑比怒視更有用。他早上上班的時候，開始跟遇見的每位同事打招呼，但他並不關心這些人，只是知道這樣更容易讓他們準時完成工作。除此之外，當他看到屬下開始加班，就會訂披薩給他們吃；當他有機會的時候，會盡量稱讚別人的穿著打扮。一段時間之後，整個公司都在他的操弄之下。

詹姆斯相當喜歡這樣的發展，而且不只是因為權力變得更大，還包括別人都變得相當友善。某一天，行政助理淚流滿面衝進他的辦公室，說有人用她的個資申請了信用卡，現在討債公司找上門來，她不知道該怎麼辦，只好來老闆這邊求助。這個事件打開了詹姆斯的心門，幾天之後他決定跟治療師談談過去的創傷。

到目前為止，我們提到「主導」時，幾乎都認為它是特定某一個人的行為，但現實中很多事情都無法獨力完成。很多時候即使事情由你主導，你也得與別人合作。

為了實現目標而形成的人際關係，是由多巴胺調控的，稱之為**主導關係**（agentic relationship）。在主導關係中，我們會利用別人的能力與資源，來實現自己的願望。拓展人脈就是這樣，每個人通常都在彼此的幫忙下，獲得更多利益。但除了主導關係，我們也會進入**親和關係**（affiliative relationships），單純地享受社交過程，享受跟別人在一起的美好感受，這些感受都屬於此時此地，由催產素、血管加壓素、腦內啡、內源性大麻素這些「當下分子」負責處理。

大部分的人際關係，都同時有「主導」跟「親和」兩個層面。即使只是當下玩得很開心的朋友，之後也可能會一起規畫什麼事情，例如一起泛舟，或去夜店泡一整晚。當下的陪伴是親和關係，規畫出遊就變成主導關係。反之亦然，工作同事之間的關係雖然都以主導為主，但通常也喜歡一起出去玩。每個人對這兩種關係的喜好也各自不同，某些人比較喜歡主導關係，因為比較有條理；有些人喜歡親和關係，因為比較有趣；有些人兩種都喜歡，有些人兩種都討厭。

你比較喜歡哪種關係，跟你的個性很有關。喜歡主導關係的人，通常冷漠難以親近。喜歡親和關係的人，通常親切溫暖，而且相當善於社交，遇到問題也會找別人幫忙。同時能夠順利經營主導關係與親和關係的人，通常是很親民的領袖人物，例如柯林頓（Bill Clinton）和雷根（Ronald Reagan）。難以駕馭主導關係的人，通常是很好相處的追隨者。擅長經營主導關係，卻難以進入親和關係的人，看起來往往冷酷無情。兩種關係都處理不好的人，看起來往往對什麼都漠不關心。

我們之所以要建立主導關係，是為了支配自己身邊的環境，盡量從環境中獲取資源。這當然是多巴胺的職責範圍，但實際上「支配」的方式，很多時候都不需要像我們以為的那麼主動，那麼侵略。因為多巴胺只在乎目的，不在乎手段，黑貓白貓，只要能抓老鼠就是好貓。很多時候，保持被動反而能夠成功經營主導關係，像是主管在主持員工會議的時候保持沉默，往往反而能獲得想要的結果。

主導關係很容易變成剝削，像是科學家可能會讓受試者在沒有完全了解風險的狀況下進行實驗；雇主可能也會用假的職位招募員工，騙進來之後再逼她加班。但只要心態得當，主導關係也可以非常高尚。美國詩人愛默生（Ralph Waldo Emerson）就說：「想知道成為學者的祕訣嗎？很簡單：以身邊的所有人為師，因為每個人都有值得我學習之處。」

無論一個人多麼無知、多麼墮落、多麼愚蠢，都會知道一些愛默生認為有價值的事情。

無論你的地位多高多低，愛默生都想從你身上學到東西。這種關係是主導關係，因為愛默生想從你身上學知識，而不是跟你在一起享受當下的快樂。但有趣的是，愛默生用「老師」這個詞來稱呼每個人，他告訴我們，有時候主動展現出謙卑、尊重、順從的態度，反而能夠掌控局勢。

猴子的順從，間諜的謙卑

伊利諾州精神醫學研究所的科學家，給截尾獼猴（stump-tailed macaque monkey）注射了一種促進多巴胺分泌的藥物，結果獼猴做出更多順從性的動作，例如舔嘴唇、做鬼臉（猴子把這種表情當微笑）、伸出手臂給其他猴子輕輕咬一下。乍看之下這毫無道理，為什麼讓我們支配環境的多巴胺，會引發服從性的行為？難道哪裡搞錯了嗎？不，完全沒有。多巴胺控制迴路要做的，是讓我們支配環境，而不是支配環境中的人。此外，多巴胺根本不在乎我們怎麼拿到資源。無論態度是主導還是服從，無論使用的手段是否道德，只要能帶來更好的未來，多巴胺都想做。

想像一下，你是間諜，想要進入敵國的政府大樓。你在巷子裡散步，尋找滲透的機會，這時候政府大樓的警衛迎面走來，你會怎麼做？聰明的間諜會放低身段平等對待警衛，甚至說一些話來表現出欽羨對方的工作，這樣對方才會放鬆戒心讓他有機可趁。很多時候，溫良忍讓比強勢進攻更有效。

很多時候「服從」都帶有貶義，例如意味著讓別人對你頤指氣使。但服從的意義遠多於此，當代社會有很多服從的行為，都代表你的社經地位夠高：嚴守禮儀代表你教養好，重視社會習俗並在談話中尊重他人，則表示你精通人情世故。這些行為都是「菁英」的特徵，我們甚至稱之為「禮貌」（courtesy），這個詞在英文源自於「宮廷」（court），因為相關行為原本都是貴族在用的。反倒是主導性的動作，在社會中往往都很不禮貌，做出這種動作的人很可能欠缺安全感，或者教養不佳。

為了支配環境，多巴胺控制迴路會讓我們精心規畫，不屈不撓，以強大的意志力堅持下去，或與他人合作。不過如果這個控制系統當機，多巴胺分泌太多或太少，我們會如何行為——或感覺？

太空的冒險，內心的掙扎

時尚雜誌《GQ》：登上月亮的感覺如何？

巴斯．艾德林：我們不知道什麼叫感覺。我們不吃感覺這一套。

《GQ》：踏上月球表面，總有點感覺吧？

艾德林：戰鬥機機師沒有感覺。

《GQ》：不是，你是人類吧！

艾德林：我們的血管裡流的是冰。

《GQ》：呃……總之你說過「我要鑽進那玩意，然後踏上月球」吧？這臺小艇竟然可以登陸，你會覺得很神奇嗎？

艾德林：那東西的結構我瞭若指掌：壓縮支柱、起落架、朝向陸面的探針。那不神奇，那是工程的傑作。

——艾德林訪談錄

巴斯·艾德林上校（Colonel Buzz Aldrin, PhD）是第二個踏上月球的人，但他沒有以此炫耀，反而只對粉絲說：「這件事做完了。接下來要做下一件事。」說得好像登月跟粉刷柵欄沒兩樣。艾德林對既有的豐功偉業沒興趣，一心只想找尋「下一件」值得拚搏的挑戰。這種訂定目標、重視細節的個性，可能就是他做出重大貢獻的主要原因。但讓多巴胺控制迴路深深掌控自己，也有沉重的代價。艾德林在登月計畫結束之後，陸續陷入憂鬱、酗酒、離了三次婚、嘗試自殺、住進精神病院，之後把這些經歷全都如實寫在自傳《輝煌的荒蕪：月面歸來的漫長之旅》（*Magnificent Desolation: The Long Journey Home from the Moon*）中。這些痛苦的掙扎，似乎都跟多巴胺脫不了關係。

多巴胺欲望迴路，會讓吸毒者為了追求愈來愈弱的快感，而吸食愈來愈多的毒品；多巴胺控制迴路也一樣，它會讓一些人為了追求完成任務的感受，而看不見生命當下的愉悅。你身邊一定有這種人：為了目標努力不懈，但任務才剛完成就拋之腦後，不享受、不吹噓，甚至連提都不提，直接奔向下一件任務。某位女士告訴我們，她花了很多年焚膏繼晷，把公司裡某個狗皮倒灶的部門起死回生。但等到公司終於正常運作，她頓時失去重心，即使花了幾個月想要好好享受自己打造出來的舒適環境，也徒勞無功，最後只好申請調到另一個多災多難的部門去當復活師。

這些人的多巴胺太過強勢，「當下分子」過於弱勢，變得只看得見未來，看不見當下。他們會刻意避開當下的感情和體驗，因為生活中唯一有意義的事，就是改善世界，帶來變革。長期的投入往往讓他們有錢，甚至成名，但卻通常無法帶來快樂。因為無論完成了多少成就，似乎都遠遠不夠。他們的人生，很像足智多謀、冷酷無情的情報員詹姆士・龐德（James Bond）家徽上的座右銘：Orbis non sufficit，拿下整個世界也不夠。

而艾德林上校因此面對的壓力，可能更是無以倫比。畢竟當你踏上過月球，地球上還能有什麼比那更偉大？

ADHD的祕密

那麼光譜另一端，多巴胺控制迴路過弱的人，又過著怎樣的生活？他們往往過於衝動，無法專心處理複雜的任務，陷入一種當代常見的困境：注意力不足過動症（attention deficit hyperactivity disorder, ADHD）。[2]坐不住、無法專心、注意力渙散，把他們的生活搞得一團亂，並讓他們很難相處。他們經常看不見細節、聽不完說明，而且目標變來變去，明明原本是要付帳單，付到一半卻跑去洗衣服，洗到一半去換燈泡，換到一半坐下來看電視，最後東西就丟得到處都是。他們在談話時也容易分心，聽不進別人說什麼。此外，他們也常常忘記時間因此遲到，而且還會忘東忘西，鑰匙、手機甚至護照都不知道擺哪裡。

兒童之所以最常罹患ADHD是有原因的。多巴胺控制迴路位於額葉，而額葉要一直發育到青春期結束之後，才會與其他腦區完全連結。在額葉發育完成之前，控制迴路未必能夠充分制衡欲望迴路，這時候就更容易做出與ADHD相關的衝動行為。他們在控制迴路較弱的情況下，想要什麼就去追求什麼，不太考慮長期後果。就是因為這樣，ADHD的兒童患者會搶玩具、插隊；成年患者則會衝動購物、打斷別人講話。

ADHD最常見的治療方法，是服用利他能（Ritalin）或安非他命，用這兩種興奮劑增加腦中的多巴胺。用這些藥物來減肥、提神、增強表現的人會付出沉重的代價，但ADHD患者通常不會有這些反應。不過這些藥物畢竟還是會成癮的興奮劑，在美國食品藥物管理局的分類中，跟嗎啡、疼始康定這類鴉片類藥物分在一起，屬於最有可能被濫用的物質，所以在醫生開藥的時候給予最嚴格的限制。

ＡＤＨＤ患者很容易藥物成癮，尤以青少年的風險最高，畢竟他們的額葉還沒完全發育。所以在多年以前，人們還沒完全了解ＡＤＨＤ的時候，醫生和家長都不太願意讓孩子服用利他能或安非他命。這乍聽之下很合理，把成癮性藥物放進容易成癮的人嘴裡，聽起來實在很蠢。但在嚴格的測試之後，發現事實完全相反：接受興奮劑治療的青少年反而不容易藥物成癮；尤其是那些在年紀最小的時候開始接受治療，服用劑量最高的人，最能避開藥物濫用問題。因為他們的多巴胺控制迴路增強了，更能做出明智的決定。反倒是那些沒有好好處理，讓控制迴路一直處於弱勢的人，更容易被欲望迴路恣意掌控，為了尋歡作樂不顧一切，做出高風險行為。

另一個意料之外的傷害

患有ＡＤＨＤ的孩子，不只是更容易吸毒而已，他們很難集中記憶力，很難控制衝動，

2 ＡＤＨＤ又稱為注意力缺失（attention deficit disorder, ＡＤＤ），因為成人也有這種症狀，但通常不會像小孩那麼「過動」。不過本書提及時，還是使用科學上常用的ＡＤＨＤ。

所以很難從環境中獲取重要資源，例如好成績。而在成績不佳之後，往往就愈來愈難交到朋友，畢竟誰會想跟一個不斷插話、搶東西、不管先後順序擅自行事的人玩在一起？這些孩子就連課外活動的時間都比正常人少，因為他們不斷分心，需要花更多時間反覆閱讀，才能搞清楚作業到底要做什麼，等到作業終於做完，他們也沒什麼時間去運動或唱歌跳舞了。最後這些成績差、沒朋友、無法從事一般娛樂活動的ＡＤＨＤ孩子，就開始走上一些不健康的歪路，他們開始嗑藥、過早從事性行為，或者暴飲暴食，尤其是那些高鹽高油高糖的「快樂食物」。

一項涉及七十萬名兒童與成人（其中包括四萬八千名ＡＤＨＤ患者）的大規模研究指出，ＡＤＨＤ的兒童患者，肥胖率比正常人高出四成，成人患者肥胖率更比正常人高七成。該研究的資料來自世界各地，不僅規模更大，來源也更多元，可以比較不同國家的飲食習慣差異，是否會影響肥胖的比例。但結果發現，無論是卡達、臺灣還是芬蘭，ＡＤＨＤ與肥胖之間的相關性都相同，而且男女之間也沒有差異。

當然，這樣的研究也有缺陷。這只是證明了ＡＤＨＤ患者的肥胖率較高，並沒有證明ＡＤＨＤ會讓人變胖。舉例來說，如果肥胖才是ＡＤＨＤ的**成因**呢？如果過重會影響大腦，讓人更容易罹患ADHD呢？在數據上也會得到一樣的結果。科學界有一句名言：**相關不等於因果**。即使兩件事總是同進同出，也不代表其中一件事是另一件事的成因。

要證明ADHD會導致肥胖的方法之一，是檢查同一個人是不是**先**罹患ADHD，之後才變胖。所以芝加哥大學與匹茲堡大學的研究人員找了接近兩千五百位女孩，比對過重和心理衝動之間的相關性。首席研究員指出，「生活中充斥著食品廣告、自動販賣機等相關暗示，克制力較低的兒童可能難以抗拒。」

結果不出所料，在十歲時難以自制、容易衝動行事的女孩，在之後六年內增加的體重明顯較多。而且科學家指出，這些女孩體重增加的重要原因之一，就是無法抑制的暴飲暴食。

而類似的原因，也讓超重的兒童在過馬路時更容易被車撞，而且不是因為他們走得慢，而是因為他們很衝動。愛荷華大學的研究人員找了兩百四十名七歲到八歲的兒童，讓他們穿過一條車流繁忙的街道，測量每個人等待的時間與被車撞的次數。[3]

當然，體重較重的人有時候的確走得比較慢，但在這個實驗中，兒童的體重不會影響過馬路的速度。跟體重直接相關的數值，是過馬路之前的等待時間。體重較輕的兒童花了更長

---

3 不不不，沒有任何人真的被撞到。整個實驗都是虛擬實境。

的時間，等待車流之間出現空檔才往前走。體重過重的兒童，則是會讓迎面而來的車輛靠自己更近。可想而知，這樣當然更容易被車撞。

不過提醒一下，生理特質無法決定我們的命運。無論你的多巴胺控制迴路霸道到什麼程度，或軟弱到什麼程度，都有應對的方法。很多藥物跟心理治療都可以處理ADHD，有時候甚至可以立刻見效。至於多巴胺控制過頭的艾德林上校，雖然得處理完全不同的困境，但最後還是找到方法與自己的特質共處。他回到地球之後，陸續撰寫或合寫了十幾本書、參與製作了一套電玩、設計出一套全新的太空探索方法，讓登陸火星的夢離人類更近。此外他還抽空錄製很多電視節目，在《與明星共舞》（*Dancing with the Stars*）、《價格猜猜猜》（*The Price Is Right*）、《頂級大廚》（*Top Chef*）、《宅男行不行》（*The Big Bang Theory*）都看得到他的身影。

詐欺的分子

我知道你天生高尚厭惡欺詐；但看那勝利的光輝多麼耀眼！

我喜歡勝利，但更重要的是，我無法忍受失敗。對我而言，失敗就等於死亡。

——藍斯．阿姆斯壯（Lance Armstrong）

——索福克勒斯（Sophocles）《菲羅克忒忒斯》（*Philoctetes*）

一九九九年，藍斯．阿姆斯壯在戰勝癌症末期的病魔之後，贏得了人生第一項環法自行車賽冠軍。《紐約時報》記者報導他的方式，在之後幾年一次次地重現：這名選手「意志堅強、全神貫注，主宰了整個大賽。」阿姆斯壯的確成為了主宰，因為他從那次開始連續七年拿下冠軍，不僅是環法自行車之王，甚至就是單車之神。

阿姆斯壯最出名的，就是意志堅如金石。他喜歡逆風騎行，因為逆風很難前進，這樣他就更有機會超越對手。作家茱麗葉．馬庫爾（Juliet Macur）用一個故事來描述阿姆斯壯的決心有多誇張：「阿姆斯壯看上了一棵樹，希望能出現在自己家門口。但那棵樹原本位於他家西邊四十五公尺，於是阿姆斯壯砸下二十萬美元把樹移植過來。他有個好友開玩笑說，這整件事一定是阿姆斯壯精心策畫，為了證明自己不需要上帝也能夠移動地球，因為這傢伙是個不可知論者。」

阿姆斯壯自己對人生的評語則是「如果我到了三十五或四十歲，沒有什麼競爭目標的話，我大概會瘋掉」。

可惜到了二〇一二年，人們發現阿姆斯壯長期使用禁藥，於是拔掉了他那七年的環法自行車賽冠軍頭銜。但奇怪的是，這個鋼鐵意志的傳奇運動員，明明面對癌症也沒有放棄，為什麼要在比賽中作弊？答案可能讓你大吃一驚：也許就是因為他太厲害了，才會想要作弊。

多巴胺只給你欲望，不會給你良心，甚至還可能讓你為了滿足欲望變得奸險。罪惡感是由「當下分子」掌控的，所以會被多巴胺所抑制。多巴胺不僅能夠讓我們追求高尚的目標，也能夠讓我們想要欺騙，甚至想要使用暴力。

多巴胺想要的是**更多**，而非**更善良**。對多巴胺而言，暴力和詐欺都是可用的工具。

以色列科學家用一項實驗來研究為什麼人們會作弊。他們讓兩位受試者先後進行兩種遊戲。第一種是猜猜樂，看誰能夠猜出螢幕接下來會出現什麼圖形。可想而知，這種遊戲不可能作弊，不過第二種遊戲就不同了：第一位玩家擲骰子，然後向第二位玩家報告結果，報告的點數愈高，自己就能分到愈多錢，對方分到愈少。在這種遊戲中，作弊輕而易舉，第二位玩家從頭到尾都看不到骰子，第一位玩家想說幾點就是幾點。兩位受試者輪流進行，第一項遊戲的贏家和輸家都會擲到骰子。

玩家投擲的是兩顆六面骰，所以如果每個人都誠實報告，平均的點數總和應該接近七點。但結果發現，在第一項遊戲落敗的玩家，在第二項遊戲報告的點數總和平均值略高於六點，位於誤差範圍之內；而第一項遊戲的贏家，在第二項遊戲報告的點數總和平均卻接近九點。根據統計，這數值已經高到非常反常，玩家謊報點數的可能性超過百分之九十九。

到了實驗的下一個階段，研究人員把第一項遊戲的內容，從競爭性的猜猜樂換成了抽樂透，看看第二項遊戲會有什麼改變。結果發現，在抽樂透遊戲中獲勝的玩家，不但沒有故意把點數報高，甚至可能還刻意報低了一點點，讓另一位玩家分得更多錢。

科學家還不確定這個現象該怎麼解釋。他們說，也許猜猜樂獲勝的人，覺得自己是靠實力贏的，理當在第二場遊戲也能獲得更多獎品；抽樂透獲勝的人則認為自己是靠運氣，不會覺得自己的資格高人一等。但我們認為，也許更合理的解釋，是看看多巴胺如何讓我們去支配環境。

進食、做愛和競爭，都是成功演化的關鍵。而在三者之中，競爭又是重中之重，因為只有贏家才能搶到食物和伴侶。所以在演化上，贏得勝利當然會刺激多巴胺分泌。當我們把網球打過網子、在考試中得到高分，或者被老闆稱讚，多巴胺會給我們快感；而且這種快感，跟「當下分子」給予的滿足感並不相同。當下分子的愉悅讓我們滿足現狀，勝利帶來的多巴胺則讓我們想要更多勝利。

不勝則亡

拿下第一次環法自行車賽冠軍之後，你會想再拿一次；拿了兩次之後，你會想拿七次。但無論拿了幾次都不夠，**多巴胺永遠會要你再拿更多**。多巴胺要的是追尋，要的是勝利，而勝利沒有最多，只有更多。它就像毒品一樣，讓人上癮。

而且這樣的快感，不但會讓我們追尋永不滿足的勝利，還會讓我們在落敗時如喪考妣。

華府的醫生每年都會投票選出各科最棒的同儕，刊登在《華府人》雜誌（*Washingtonian*）全年銷售最佳的〈頂尖醫者〉（Top Doc）特刊。名列〈頂尖醫者〉不僅相當光榮，令人春風滿面，而且家人朋友、醫院同事，甚至每個人都會知道。麻煩的是，今年登榜之後，你勢必會開始擔心明年能不能留在上面，開始擔心今年來道賀的朋友明年看不到我的名字，心裡會怎麼想。而且每個人都有落榜的一天，「過氣」的時候該怎麼辦？沒有人喜歡輸的感覺，但贏了之後落敗，比從來沒贏更悶。期待滿滿地翻開雜誌，卻遍尋不著自己名字的感覺，會讓你整天都槁木死灰。

所以贏家會作弊。這就跟上癮者會繼續吸毒一樣，獲勝的感覺很好，失去的感覺很糟。他們都知道這種行為會毀掉人生，卻也都敗在多巴胺欲望迴路手下，欲望迴路不在乎你的人生，只會叫你爭取更多嗑藥快感，更多勝利冠冕。當然，騙來的勝利不是勝利，犯錯失敗可以得到原諒，騙子的污名卻很難洗刷。所以我們不能只有多巴胺欲望迴路，更需要多巴胺控制迴路。控制迴路相當理性，能夠冷酷地告訴我們怎麼做才合理，怎樣才能在獲取短期利益的同時，保障自己的長期利益。只不過很多人還是擋不住誘惑，擋不住壓倒性的驅力，為了一時的勝利不惜作弊。畢竟從短期來看，作弊真的比較簡單。

當然啦，直接動手打人更簡單。

衝動的暴力，冷酷的暴力

瓊斯醫生忐忑不安地走進電梯，準備面對一個大麻煩。急診室午夜一點打電話過來，說有個患者喊著要殺人，請她立刻來評估。這件事非同小可，因為如果精神病患者說要開殺戒，可能真的會鬧出人命，到時候患者就變成了凶手，釋放患者自由行動的醫生也會被追究責任。

瓊斯醫生來到現場。眼前的人披頭散髮、臭氣熏天，目不轉睛地盯著她。這位男性患者曾經來找她就診，但卻毫不配合，不斷惹禍，住院期間甚至亂摸了一位思覺失調症的女性患者。他還說，自己對所有身心藥物都過敏，只能吃贊安諾。

患者要求住院，但精神狀況似乎沒什麼問題，最多就只是有在吸食古柯鹼。這人說自己多次被捕，被判三年徒刑，而且盯上了某個人，接下來要是沒被關進「鐵欄杆」，就會去幹掉這傢伙。

「這麼說吧，這傢伙對我做了一些事。懂嗎？」患者問。

很多精神疾病都會讓人施暴，而最容易處理的其中之一就是妄想（Paranoia）。

妄想症患者充滿恐懼，有時候會認為保護自己的唯一方法，就是殺掉那些在暗處準備傷害他們的人。只要服藥一週，這些妄想跟暴力衝動通常就會消失。

但瓊斯博士看著這位患者直勾勾的眼神，確定對方並沒有精神疾病。

這下子麻煩了，住院對這個男的毫無好處，反而會為其他患者帶來危險；但這男的之前傷害過人，現在說要殺人，而且打死不說要殺的是誰。到了最後，瓊斯醫生還是決定讓他入院，但同時也覺得自己害了醫院裡的其他患者。

有些暴力行為，是心理失能或心理疾病導致的；但一般來說，暴力都是一種選擇，是一種強迫他人給你東西的方法，當事人通常都知道自己要做什麼。

不過，「暴力」這種展現主導的終極工具，也是多巴胺引發的嗎？

暴力有兩種，一種是有目標有計畫的暴力，另一種是一時衝動的暴力。無論是街上搶劫，還是發動驚天動地的世界大戰，有目標的暴力都是為了得到某個東西，必須事先規畫，甚至殫心竭慮地制訂戰略，藉此拿下資源或掌控權。這是多巴胺驅動的攻擊，通常不帶太多情緒，是一種冷酷的暴力。

多巴胺帶來的這種精密籌畫，跟一時衝動的本能反應，就像坐在蹺蹺板的兩端，其中一個變高，另一個就會變低。面對衝突時，愈是能夠壓抑心中的恐懼、憤怒、欲望，就愈能夠取得優勢。情緒愈是強烈，就愈難好好規畫事情。在衝突中取得上風的常見方法之一，就是煽動對手的情緒，讓對方失去冷靜。像體育選手，就經常在籃球場邊或鬥牛線兩側互相叫囂。

挑釁一旦成功，就可能讓我們陷入衝動暴力。這時候我們的行為，與多巴胺控制迴路背道而馳，「當下分子」迴路抑制了多巴胺，讓我們滿腦子只想衝向對手飽以老拳；但這些行為之後通常都會帶來壞事，小輒尷尬無措，大輒受傷被捕。那些在孩子的冰上曲棍球比賽大發脾氣、丟擲東西或揮拳揍人的父母，都沒有事先策畫，只是意氣用事而已。從多巴胺的角度來看，這毫無意義，因為你付出了力氣，卻什麼資源也拿不到，什麼優勢也沒有。但這時候的主宰，不是謹慎精算的多巴胺，而是讓你頭腦發昏的情緒。

英國小說家安東尼・卓樂（Anthony Trollope）用下面這段描寫這兩種做法的差異。故事中分屬於兩黨的道本尼（Daubeny）和格雷欣（Gresham）政治辯論的風格截然不同：

道本尼先生對自己的行動了然於心，他每一擊都有預謀，在出拳之前就已經知道能打出多大的傷害；格雷欣先生則不顧一切直接左右揮擊……一旦盛怒起來，可能在還沒看見對手流血就已經把對方打死了。

暴力可以讓你獲得優勢，但得在多巴胺控制迴路的冷靜計算之下，優勢才能化為成功。

什麼是多巴胺人格？

有些人的多巴胺迴路特別活躍，研究人員也發現了一些會影響迴路強弱的基因。不過多巴胺有好幾條不同的活躍路徑。多巴胺欲望迴路活躍的人，可能行事衝動，難以滿足，欲望無窮無盡。欲望迴路低迷的人則很容易知足，與其在嘈雜的夜店喝酒，寧願種整天的花草，然後早早睡覺。

多巴胺控制迴路活躍的人，則可能鐵石心腸，精於算計，冷若冰霜。控制迴路低迷的人可能熱情大方，喜歡交朋友勝於贏得競賽。我們的大腦非常複雜，每個迴路都得跟其他迴路交互作用之後，才會化為行動。除了上述以外，多巴胺活躍的人還有很多不同類型的特質，本書接下來會敘述；但無論是哪類的人，都有一個共通點：他們執迷於經營美好的未來，體驗不到當下的愉悅。

控管情緒

如果你能在人們倉皇失措
找你興師問罪時，保持冷靜……
如果你能在心如死灰、筋疲力竭的時候
繼續打起勇氣，鼓起幹勁，
那麼即使你一無所有
意志也能高呼號角，叫身心肌理「撐下去！」……
而世上的萬事萬物，就全都屬於你。

——吉卜林（Rudyard Kipling），〈如果〉（If）

情緒屬於此時此地，是「當下分子」的領域。它對我們理解世界非常重要，但有時候也會反客為主，讓我們做出不合邏輯的決定。幸好我們的多巴胺可以壓制「當下分子」的力量。那些「臨危不亂」的人，通常都能夠壓抑當下的情緒，做出比較冷靜、效果通常也比較好的決定。在悠遠的演化之路上，我們的某個祖先可能就長出了一個特別強大的多巴胺控制迴路，獅子衝過來的時候不是直接轉頭逃跑，而是撿起身邊的燃燒樹枝開始揮舞，嚇跑獅子。當然，局勢混亂時需要當機立斷；但能夠保持冷靜，盡快利用手邊的資源想出一道計畫的人，才能真正度過難關。

如何躲開眼前的拳頭？

在複雜的現代社會裡，「戰或逃」的本能往往讓我們得不到最大利益；但它在原始的環境中相當實際。年輕醫生在急診室裡，遇到一位暴躁的成癮患者向他索討藥品。患者一發現要求無法滿足，拳頭就揮了過來。但醫生在千鈞一髮之際躲開，病人則還來不及揮出第二拳，就被兩名警衛衝過來壓倒在地。醫生在事情結束之後回想：「其實我不知道發生了什麼事，我的腦袋還來不及思考，身體就自己反應了。」這就是「當下分子」迴路的威力，它在多巴胺精密計算之前，就知道什麼時候該逃跑。

> 我帶著一名船員，搭上那艘十幾公尺的船駛向大海，不久之後就遇到時速五十六公里的狂風，和三公尺高的巨浪。我們倆都不擔心，畢竟這種海象見多了。我掉轉舵輪準備掉頭，但轉到一半卻聽見巨響，船舵不受控制旋轉如飛。我突然感受到這輩子最深的恐懼。
>
> 我們在一片L形的暗礁內，水面上的珊瑚明顯可見，海浪將我們愈推愈近。看到這個景象，我第一直覺是跳船，捨棄這艘船，穿上救生衣游出這片暗礁。但仔細一想，這是不可能的。如果真的跳船，最後要不是被海浪拋到礁石上，就是被捲進更遠的海中。恐懼從四面八方愈逼愈近，如果我落入它的掌控，就會無法思考。這一切都發生在短短十秒之內。
>
> 於是我開始想該怎麼逃命。我用無線電發出求救訊號，然後跟夥伴開始手動拉

帆，逐漸遠離暗礁。然後我們想出一個方法，直接用腳控制船舵的方向，讓船駛回岸邊。當我開始規畫、開始行動的時候，恐懼就消退，理性就回來了。

但上岸之後我回到自己的房間，開始大哭，全身顫抖無可遏止。

這個真實故事就是多巴胺控制迴路與「戰或逃」的正腎上腺素交互作用的典型例子。船舵壞掉的時候，敘事者的正腎上腺素瞬間暴衝，讓他被當下的恐懼淹沒，一心只想逃走。這些神經化學的當下分子壓抑了多巴胺，阻礙了理性規畫的能力。但其實他自己也知道這件事，而且設法冷靜下來跳脫恐懼的掌控，這表示他的多巴胺系統並沒有完全關閉。

短短幾秒之後，多巴胺控制系統完全活化，壓制了正腎上腺素。這時敘事者擺脫了恐懼，開始理性思考，以不帶情緒的方式找出求生之道。安全上岸之後，危機消除，多巴胺濃度滑落，掌管情緒的當下分子回頭作主，讓他顫抖哭泣。

這段歷劫過程，英文通常都會稱為「腎上腺暴衝」（running on adrenaline）。但其實完全相反，敘事者靠的不是腎上腺素，而是多巴胺。在整段拯救船隻的過程中，多巴胺都主導了全局，壓制了大腦內的正腎上腺素。十八世紀的山繆・詹森（Samuel Johnson）曾說：「如果你知道自己兩週內就會被吊死，你就會非常專心地設法逃脫。」當代澳洲坎培拉醫院的急診室醫生大衛・寇蒂卡（Dr. David Caldicott）也說：「急救就像在開飛機。幾個小時的過程大半都平淡無奇，但一定會有幾個瞬間生死交關。專業人士這時候不會害怕，只會專心下來解決問題。」

離得夠遠，就殺得下手

法蘭克・赫伯特（Frank Herbert）的科幻小說經典《沙丘》（*Dune*）裡面有一段情節，是要看看主角能不能抑制當下的動物本能，證明自己是人。老婦人要主角把手伸進黑盒子裡，承受難以想像的痛苦，同時拿一根毒針抵著主角的脖子，如果主角把手抽出來，就刺下毒針結束他的生命。老婦人說：「你知道動物落入陷阱的時候，會咬斷自己的腿逃走吧？但只有動物才會這麼做。人類會待在陷阱裡，忍痛裝死，這樣才能殺死設下陷阱的人，從此消滅族人的威脅。」

某些人天生就比較會壓抑情緒。部分原因，就是每個人的多巴胺受體密度和性質未必相同。多巴胺受體決定多巴胺分泌的時候，大腦會有怎樣的改變，它跟每個人的基因有關。研究人員測量受試者腦中的多巴胺受體密度（包括受體的數量有多少，以及排列得多緊密），比較受體密度與「情緒疏離程度」（emotional detachment）之間的關係。

科學家用受試者有多麼願意分享個人資訊、有多麼願意與他人交往，來測量每個人的疏離程度。結果發現，多巴胺的受體密度，與受試者的情緒疏離程度呈正相關。受體密度高的人，情緒也比較疏離。另一項研究中，疏離程度得分最高的人，認為自己「冷漠、孤傲、容易記恨」；疏離程度最低的人，則認為自己「太愛照顧別人，容易被利用」。

人們的「疏離程度」大部分介於中間，既不冷漠，也不會天天想要照顧別人，而是依環境決定會怎麼做。當目標在我們身邊，近距離直接接觸，或者當我們關注當下，我們腦中的「當下分子」迴路就會啟動，讓我們變得溫暖而重感情。但當目標遠在天邊，當下看不到摸不到，或者當我們進行抽象思考或關注未來，腦中的理性層面就會浮現，讓我們變得不近人情。倫理學的「電車問題」，就清楚顯示這兩種思維都在我們腦中：

失控的列車沿著軌道衝向五名勞工，如果什麼都不做，他們必死無疑。不過軌道旁邊剛好有個路人，只要把他推到軌道上讓列車撞死，列車就會減速，五個勞工就能及時逃脫。是你的話，會把路人推下去嗎？

在這種敘述情境中，大部分的受試者都無法把路人推到軌道上，他們會說即使是為了拯救五個人，也無法親手殺死一個人。他們因為腦中的「當下分子」而產生同理心，壓過多巴胺的理性計算。故事敘述的方式，讓受試者覺得路人就在自己身邊，把他推下軌道的感覺會留在手上。這時候，「當下分子」就會大量分泌，除了最疏離的人以外，幾乎都無法下手推人。

不過既然五官感受得到的周圍區域，最容易受到當下分子的影響，那麼如果逐漸遠離現場，當下分子是不是就沒那麼能夠影響決策？當我們離自己得殺的人愈來愈遠，當我們從當下分子掌控的周圍區域，退到多巴胺掌控的外界區域，我們是不是就更願意，或者說更能夠用一個人的性命來交換五個人的性命？

我們可以先從消除身體接觸開始。假設你站在一段距離之外，手裡握著一個軌道開關。電車正衝向五個人，但你只要扳動開關，電車就會駛向另一個軌道，撞死一個人。這時候，你會扳動開關嗎？

接下來請退得更遠。你坐在辦公桌前，控制全國火車的行駛路線。忽然電話鈴聲大作，幾千公里外的鐵路工人說列車失控，即將撞上五個人。你只要按下手邊的開關，就可以切換軌道，但會讓電車撞死一個人。這時候你會按嗎？

最後我們來到最抽象的情境，一個「當下分子」幾乎無從作用，幾乎只剩下多巴胺的情境：你是鐵路系統工程師，正在設計各種緊急應變方案。你在鐵軌旁邊安裝了攝影機，可以即時蒐集鐵軌上的資訊；而且寫出了一個AI程式，可以根據當下的狀況即時切換列車軌道。你會讓這個程式在**未來**遇到電車問題的時候，犧牲一個人去拯救五個人嗎？

這幾個敘述方式差異很大，但結果其實都一樣：如果要拯救五個人就得殺掉一個人，如果不想殺人就得放五個人去死。但不同的場景引發的反應卻不相同，很少人願意親手把人推到鐵軌上；但絕大多數的人都毫不猶豫地讓AI程式切換鐵軌，盡量減少死亡人數。這就好像我們腦中住著兩顆完全不同的心，其中一顆心只根據理性來判斷；另一顆心則很重感情，即使知道對大局不利，也無法下手殺人。理性的心只在乎能活下來的人愈多愈好，感性的心卻同時在意其他事情。多巴胺迴路的活躍程度，大幅影響了我們偏向哪一顆心。

現實中的困難抉擇

電車問題不是只會在理論中發生，自動駕駛汽車就得面對。如果兩輛車即將對撞，自駕車要怎麼做？是要緊急剎車保住主人的性命，還是往另一個方向轉撞上護欄，犧牲主人的命，讓另一臺車裡的好幾個人活下來？附帶一提，如果你以後想買自動駕駛汽車，記得問問它的ＡＩ是怎麼寫的。

二〇一六年的電影《天眼行動》（*Eye in the Sky*）也有類似的描述。肯亞恐怖分子訓練了兩位自殺炸彈客，再過不久，他們就會炸死兩百多位平民。此時在世界的另一頭，遙控著無人機的機師正準備發射導彈，殺死恐怖分子。但就在機師按下發射按鈕之前，突然看見恐怖分子巢穴的旁邊，有個小女孩坐在桌子前面賣麵包。如果機師不下殺手，炸彈客就會炸死兩百多個人。但如果按下按鈕，無辜的小女孩就會跟著恐怖分子一起死。電影的描述，讓難以抉擇的「電車問題」變得非常真實。

有時候我們冷漠無情、精於算計，只想著如何支配環境保障未來的利益。有時候我們溫暖大方、善解人意，願意分享資源讓別人開心。多巴胺控制迴路，和當下分子迴路彼此制衡，讓我們一邊彼此仁愛，一邊保障自己的利益。制衡非常有用，所以大腦有很多迴路都像這樣彼此拮抗，甚至連同一種神經傳導物質，都會長出兩種彼此拮抗的路徑，多巴胺就是這樣。所以當多巴胺對抗多巴胺的時候，會發生什麼事呢？

蘿蔔與餅乾

我們有兩種多巴胺迴路：欲望迴路給予我們欲望，控制迴路賜予我們毅力；強烈的欲望指點我們方向，堅毅的意志讓我們抵達目標。這兩種迴路通常相輔相成，但當我們想要那些長期來說會帶來傷害的東西，例如婚外情、施打海洛因，或者連續吃下第三塊蛋糕的時候，控制迴路帶來的意志力，就會回頭阻止欲望迴路。

當然，控制迴路對抗欲望的時候，不是只能靠意志力；它還會進行規畫、策略、抽象化，想像每一種做法分別會帶來多少長期的利弊。但即便如此，危險的欲望湧上來的時候，我們都得用意志力先擋一陣，而這暗藏一個很大的危機。酒鬼可以發揮意志力拒絕一杯酒，但如果酒的誘惑每年每月都來到眼前，意志力可能就沒用了。意志力就像肌肉，用過之後會疲勞，而且力氣很快就會耗盡。證明意志力有限的最有名實驗，就是「蘿蔔與餅乾」。這個實驗一樣基於騙局，科學家請志願者來參加一個品嚐美食的研究，但其實要看的是他們的意志力。其中一位科學家是這麼說的：

在受試者出現之前，實驗室已精心布置。小烤箱剛剛烤好了巧克力餅乾，整個房間都充滿巧克力與烘焙的香氣。受試者坐下來，桌上擺著兩排食物，一排是巧克力餅乾和巧克力糖果，另一排是紅白蘿蔔。

研究人員請受試者先空腹一餐，所以他們走進實驗室時都非常餓，剛出爐的巧克力餅乾顯然非常誘人。研究人員一次帶一位受試者進房間，根據分配的組別品嚐兩三種餅乾或兩三種蘿蔔。科學家說完指示，並提醒受試者不要吃另一排食物之後，就離開房間。

研究人員躲在窗簾背後觀察受試者的反應，發現雖然餅乾非常誘人，但「蘿蔔組」的受試者都沒有偷吃餅乾。「有些人眼巴巴地看著那一整排巧克力餅乾，其中幾個甚至拿起餅乾聞了一下又放回去。」

大約五分鐘之後，科學家回來請受試者做一件完全無關的事：解謎。不過科學家發下的謎題其實是無解的，真正的目的，是要看受試者在放棄之前會堅持多久。

結果「餅乾組」的受試者撐了大概十九分鐘；必須克制欲望不去吃餅乾的「蘿蔔組」，則在八分鐘後就放棄了，時間不到「餅乾組」的一半。研究人員表示：「克制欲望似乎得付出代價，這些受試者在之後面對挫折的時候，會更容易放棄。」減肥的人請注意，你現在愈是用力克制欲望，之後就愈可能破功。我們的意志力是有限的。

意志力鍛鍊機

所以如果意志力跟肌肉很像，那它也可以鍛鍊嗎？可以，不過「健身器材」需要高科技。杜克大學（Duke University）認知神經科學中心的科學家就設計了一種機器，看看能不能增強和意志力有關的腦區。

鍛鍊的第一步很簡單，受試者只要完成一項任務，就能拿到錢。當下的獎勵很容易帶來動力。科學家用掃描儀來觀察受試者大腦腹側被蓋區的活性，多巴胺欲望迴路與控制迴路的起點都是這裡。接下來，他們請受試者設法自我激勵，例如告訴自己「你做得到」之類的，或者發揮創意，想像各種能夠引發動力的東西。有些受試者想像教練就在身邊，有些則想像努力之後獲得回報。在此同時，科學家用掃描儀觀察他們腦中動機相關的區域有沒有活化。結果出乎意料：什麼也沒有！金錢可以引發動機，但自我激勵卻不行！

接下來，科學家祭出生理回饋（biofeedback），就是用一些設備讓受試者看到自己的身體與大腦的狀況，藉此找到方法，控制那些通常是在下意識發生的身心反應。最有名的生理回饋就是練習如何放鬆。使用者在手指上配戴一個測量汗液的機器，出汗愈少代表愈放鬆，所以機器把出汗量轉換成高低不同的音調，讓使用者知道自己目前有多放鬆，藉此調整自己的心理狀態。這種方法相當有用。

在動機實驗中，科學家則讓受試者看著一支畫有兩條線的溫度計，其中一條線代表那些被活化區域的皮膚溫度，另一條線則代表該區域的目標溫度，受試者必須盡力達到。這樣一來，受試者看著溫度計上的兩條線，就能知道哪些自我激勵方法有用，哪些沒用。嘗試一陣子之後，受試者都發展出一些能夠有效引發動機的假想情境，並用這些情境促進動機。在移除溫度計之後，這些方法依然有用。這證實意志力是可以被鍛鍊的，只是需要一些高科技儀器讓我們看見自己大腦中的情形。

讓多巴胺對抗多巴胺

意志力可以鍛鍊，但光靠意志力還是無法長期解決問題。所以需要什麼呢？幫人戒毒的臨床醫生很想知道答案。要戰勝毒品，光靠意志力還不夠。有一些藥物可以治療某些毒癮，但不能光是吃藥，還需要配合某些心理治療。

心理治療的戒毒方式，就是請其他腦區來阻止那些讓我們吸毒的腦區。毒品劫持了部分的多巴胺欲望迴路，讓我們無法自拔地不斷施打。要對抗這樣的力量，就必須召喚同樣強大的力量。我們知道光靠意志力還不夠，所以還得加上什麼力量呢？

科學家做了許多相關研究，根據結果設計出各種不同的心理療法。其中研究得最徹底的三種，分別是**動機提升療法**（motivational enhancement therapy）、**認知行為療法**（cognitive behavioral therapy）、**十二步驟戒癮療法**（twelve-step facilitation therapy），每一種都以獨特的方式利用大腦中的資源，讓暴走的多巴胺欲望迴路無法帶著我們走上絕路。

動機提升療法：讓多巴胺欲望迴路左右互搏

成癮者渴望毒品，即使吸毒讓他們的生活一蹶不振，他們依然繼續吸下去。不過大部分的成癮者其實都知道這樣很糟，他們沒有完全被藥物欺騙，而是自我矛盾，一部分的自己只想繼續爛在毒品裡面，另一部分的自己卻想實現其他欲望。所以要協助戒毒，我們可以強化後面這些欲望。有些成癮者想成為更好的伴侶、更好的父母，在工作上有更佳表現；有些人則因為吸毒而用光了所有金錢，希望重拾口袋有錢的安全感；有些人每天醒來都很不舒服，希望能像過去那樣身強體健。

這些欲望刺激分泌的多巴胺，都比毒品刺激的更少；但它們依然能讓人願意做出行動，以及為此忍耐。動機提升療法就是利用這個機制，讓患者渴望未來的美好生活，為了爭取這樣的生活，暫時忍受當下的憤恨與剝奪感。

在動機提升療法中，治療師會鼓勵患者說出自己的欲望。俗話說得好，「從別人那邊聽到的都是耳邊風。自己講出去的都是金玉良言。」如果你開了一個講座，告訴聽眾誠實有多重要，然後讓聽眾玩一個可以靠作弊來獲得獎勵的遊戲，那無論你的演講有多好，聽眾大概都會繼續作弊。但如果你反過來，讓聽眾來告訴你誠實有多重要，然後給他們玩同一個遊戲，在遊戲中作弊的人大概就很少了。

動機提升療法就是這樣。它有點詐，患者只要開始說一些治療師喜歡的、**有助於改變的話**，例如「我在喝了整夜的酒之後，隔天上班就會遲到」，治療師就會積極回應，或者請他們「多說一下這是怎麼回事」。但如果患者說的是**妨礙改變的話**，例如「我上了整天的班，晚上總該來幾杯馬丁尼放鬆一下」，治療師不會反駁，而是會開始轉移話題。這樣一來，患者不僅不會為了幫自己的行為辯解，而說出更多妨礙改變的話；說話內容還會不知不覺被治療師誘導，變得大部分都有助於改變。

認知行為療法：用控制迴路對抗欲望迴路

認知行為療法背後的訣竅，就是聰明比蠻力更有用。它讓患者不需要直接用意志力抑制欲望，而是啟動多巴胺控制迴路，讓迴路的規畫能力來擊敗多巴胺欲望迴路的原始力量。戒毒之所以破功，通常都是遇到了難以抗拒的渴望。所以治療師會讓患者知道，這些渴望都有跡可循，有些是毒品或酒精，有些是讓他們想起毒品或酒精的線索，例如人事時地物。當患者突然遇見那些線索，就會產生酬賞預測誤差，刺激多巴胺欲望迴路，變得想要吸毒，並且在沒吸到毒時痛苦難耐。之前提到的故事就是這樣，患者看到之前拿來消毒針筒的漂白水，就忍不住想要再次施打海洛因。

以認知行為療法來戒酒的患者，會學習很多技巧來對抗那些刺激欲望的線索，例如跟一個很有節制的夥伴，一起參加那些有酒的活動。此外，他們也會盡量消除日常生活中的相關線索，例如找個朋友一起進行「殲滅行動」，把家裡所有跟喝酒有關的東西，雞尾酒杯、調酒器、隨身酒瓶、馬丁尼橄欖等等，全都送走，讓家裡盡量沒有任何東西能夠激起欲望，沒有任何東西能讓患者跟酒癮拔河。一位酒癮患者甚至丟掉了地下室珍藏的釀酒設備，他原本被欲望迴路影響，說釀了酒未必要喝，只是一種興趣；但最後還是妥協，把東西全都丟進垃圾桶，於是擺脫了酒癮。

上癮比想像中更麻煩

毒癮比很多精神疾病都更難治好。罹患精神疾病的人，當然都希望病情好轉；但對藥物上癮的人，卻未必真的那麼堅定。很多成癮患者，可能都會像聖奧古斯丁勾搭一位年輕女子的時候一樣，向神祈禱說：主啊，請賜我貞潔，不過等一下再給。

毒癮的強大力量，讓醫生與患者通常都把酒精與各種成癮性藥物，視為值得尊敬的敵人。這些藥物不但強大，而且非常狡猾。

毒癮的「陰招」之一，就是讓很多觸發毒癮的線索都變得意想不到。欲望觸發的機制非常微妙，一個開瓶器、一個喜愛的杯子、一張停車場野餐派對的照片，甚至一把切檸檬的菜刀，都可以觸發癮頭，很多時候我們都是在再次開始吸食之後，才發現是什麼東西讓勒戒破功。

而且光是移除各種能夠觸發的線索也不夠。科學家最近發現，毒癮還有另一個完全出乎意料的能力。某個酒癮患者，某天偶然換了另一條路回家，結果剛好路過以前常去的酒吧，忍不住進去喝了幾杯。下一次回來治療時，他說自己完全不知道自己為什麼會這樣，畢竟至少乍看之下，他完全不是因為想喝酒，才決定換一條路回家。

但他的決定很可能不是巧合。科學家最近發現，某些維繫大腦額葉多巴胺控制迴路正常運作的DNA片段，功能會被酒癮所削弱。染上酒癮之後，某種關鍵酵素的活性會降低，擾亂神經傳遞的過程，就像是戰場上的訊息傳遞到一半，就被駭客攔截。上面提到的這位患者可能就是這樣，他想避開以前常去的酒吧，但酒癮削弱了他的能力，讓他不知道換一條路回家的途中會經過哪些地方。

這項酒癮影響DNA的研究是用大鼠來做的，所以還不確定人類身上的機制是否完全相同。不過實驗結果非常驚人，奎寧帶有一種苦味，大鼠通常會避開它；但帶有酒癮基因的大鼠不僅喝了更多酒，就連酒裡摻了奎寧也照喝不誤。這表示某些DNA變化，會讓大鼠無論喜不喜歡喝酒之後的後果，都離不開酒。

當然，患者還是可以戰勝自己的酒癮，只是酒癮會削弱多巴胺控制迴路的力量，讓它更難對抗多巴胺欲望迴路。酒精不僅讓我們想一喝再喝，更讓我們看不清美好的未來，無法為了渴望未來而繼續勒戒。幸好我們現在已經發現了這種機制，之後只要能夠逆轉DNA的變化，就能解決這個問題。

十二步驟戒癮療法：用當下分子對抗欲望迴路

匿名戒酒會是全世界最成功的勵志組織，只可惜有很多限制。首先，它要你承認自己是酒鬼，很多人都不願意這麼做。其次，它仰賴宗教的力量，但不是每個人都信那個教，也不是每個人都那麼虔誠。再來，它要求你公開分享私人經歷，很多人會覺得不舒服。但如果這些條件對你都不造成阻礙，它就是個戒酒的好地方。

對抗藥物成癮相當曠日廢時，有時候甚至必須終生奮戰。而在這方面，匿名戒酒會比藥物治療厲害很多。它完全免費，而且不限制參與時間，你想來幾次就來幾次；此外它遍布全球，甚至在大城市裡面設立好幾個據點，天天日夜舉辦。

真要說起來，匿名戒酒會其實是一種社群，而非一種療法。它讓參與者在聚會中撐住彼此，並接受宗教的力量。在互動過程中，我們的大腦會分泌「當下分子」，產生巨大的力量，幾乎勝過世界上的所有東西。網路就給了一個好例子，根據分析公司Alexa的統計，臉書目前是全球使用率第二高的網站，僅次於谷歌；反倒是訪問率最高的色情網站Pornhub，總排名只有六十七。這似乎顯示人類有能力抵抗那些比較沒那麼健康的多巴胺欲望。

匿名戒酒會的參與者都會交換電話號碼，藉此彼此傾訴，彼此鼓勵。即使成員突然破功又喝了酒，也沒有人會譴責他。不過他腦中的「當下分子」會產生強大的罪惡感，覺得自己讓夥伴失望。小時候我們的媽媽就知道，這種罪惡感的力量很大。罪惡感的威脅與人際關係的支持，讓很多酒鬼長期滴酒不沾。

另一個「當下分子」成功壓制成癮欲望的著名例子是懷孕。女性在懷孕之後，戒菸率急速飆高。西北大學（Northwestern University）女性健康研究所的綏娜・馬希（Suena Massey）博士進一步研究指出，這些孕婦在快速戒菸的過程中，完全跳過了通常必須經歷的步驟。體內在發育的胎兒，讓她們當下對胎兒的處境強烈地感同身受，於是完全不需要刻意努力，就戒掉了香菸。多巴胺會讓我們對自己說「這沒有傷害任何人，只有傷害我自己」，但這種藉口一旦消失，「當下分子」就能夠制衡多巴胺。

⁂

整個多巴胺系統的演化，都是為了讓我們盡量爭取資源。欲望迴路讓我們擁有目標，開始行動；更複雜的控制迴路則讓我們能夠長遠思考，制訂計畫，並使用數學、推理、邏輯這類抽象能力。當我們能夠展望未來，我們也生出了毅力，從此能夠克服萬難，長期奮戰，最終拿到學位，甚至踏上月球。此外，我們從此也能夠馴服欲望迴路的享樂衝動，能夠犧牲當下的滿足去換取更好的未來。最後，多巴胺控制迴路還能壓抑「當下分子」的情緒，讓我們在面對艱難的抉擇時，能用理性冷靜的方式思考，能夠犧牲一個人去拯救更多人。

控制迴路詭計多端。有時候它會讓我們信心滿滿，不顧一切地往前直衝。但有時候它也會讓我們卑躬屈膝，誘使其他人跟我們合作，達成我們想要的目標。

多巴胺不僅帶來欲望，同時也帶來了支配的力量。它讓我們能夠主宰環境，甚至主宰別人的意志。而且不僅能讓我們主宰當下的世界，更能讓我們創造出全新的世界。其中很多創新都非常誇張，只有天才跟瘋子才想得到。

第四章　創意與瘋狂

創意是一種連結看似不相干事物的能力。

——威廉・普洛默（William Plomer），作家

當腦內的多巴胺氾濫，常理的障壁也會潰決。

這是危機，也是福音。

我腦子一直有個同樣的想法在轉啊轉的。我想讓它停下來……然後我就想，我該打給誰？對了，我該找捉鬼特攻隊。可是不對，好像哪裡不太對勁。所以我沒有

打給捉鬼特攻隊，而是打給精神科……我可以回去了嗎？我覺得好像有人拿槍對著我。

——摘自對思覺失調症患者的訪談

充滿創意的大腦是地球上最強的力量。無論油田、金礦，還是萬畝良田，創造財富的潛力都比不上一個創意。因此大腦最理想的狀態，就是充滿創意；而最糟糕的狀態，則是精神疾病。當大腦患上精神疾病，就連日常生活中最普通的任務，也會變成艱鉅的挑戰。但俗話說得好，天才與瘋狂[1]只有一線之隔，這兩種狀態都是取決於多巴胺，因此，最好與最壞的大腦之間，相似程度其實遠超過一般人大腦之間的共通性。那麼，多巴胺和大腦的表現究竟有何關聯？我們又要如何從中找出天才與瘋狂的本質？就讓我們先從瘋狂開始說起。

1「瘋狂」（madness）並非精神病學上的病名。在此使用這個說法，是因為日常生活中都用瘋狂來指稱嚴重的精神疾病，包括妄想和其他混亂、失控的思緒。和這種狀況最接近的精神疾病就是思覺失調症。

現實潰碎

威廉是被爸媽拖進來的，因為他拒絕相信自己有精神疾病。他父母都是成功的作家，常常周遊世界，前往戰區蒐集寫作素材。他本人也有智力不凡的跡象，但實際表現卻不怎麼相符。高中畢業那年，他爸媽曾答應他如果成績優秀就送他一臺車，而他的成績平均最後也拿到三．七的高分，離滿分只差一點點。

但是上了大學以後，威廉的表現就急轉直下，內心不斷出現怪異的想法。他認識了一個女生，覺得人家喜歡自己。被這女生拒絕之後，他認定是因為對方得了愛滋病，為了不讓自己被感染才這麼說的。不久過後，他開始相信身邊有很多人都患了愛滋病，正指望著他去非洲尋找治癒方法。而這些想法，都是死去的奶奶和上帝在他腦中告訴他的。

有些朋友建議他尋求專業的精神醫療，但威廉卻認為他們都被爸媽收買了。這一切都是要讓他以為自己有病的陰謀。於是他得出結論，認為父母已經被掉包了，他必須出國找到真正的爸媽。

這段尋親之旅沒有持續太久。但一回到家，他就痛罵父母不該在背後偷偷監聽他，然後逃到紐約，躲避這些幻想中的迫害，還發明了「環境虐待」的說法來描述自己的遭遇。他說，自己生活中的一切實在令人太緊張了，他需要休息，需要一個沒有人會在背後盯著他的地方。這次回家時，他花了六百美金搭計程車，讓他爸媽終於受不了了。他們告訴他，要是不去看身心科，就別想繼續住在家裡。為了不要流落街頭，威廉只好同意。在精神醫師的監督下，威廉開始服用抗精神疾病藥物（antipsychotic）。狀況改善後，威廉決定去附近的社區大學念平面設計。但對於療程剛開始的他來說，這個計畫實在太大；沒幾個月，威廉就念不下去了。

隨著療程進展，威廉的症狀一直有在改善，但他父母還是發現，要讓他願意持續服藥並不容易，而且威廉也一直不相信自己得了精神病。後來，醫生決定幫威廉換一種新藥，以免他的治療中斷。新的藥不必每天服用，只須每個月打一針即可。這種療法讓威廉不久後就進步到可以從事全職的廚師工作，並且搬出家門獨自生活。

思覺失調這種疾病最有名的一點就是會出現幻覺跟妄想。幻覺包含看到、聽到、摸到甚至聞到現實中不存在的事物，其中最普遍的就是幻聽，也就是只出現在患者腦中的聲音。這些聲音可能會像旁白一樣說明、評論患者的行為：「你正在吃東西。」也可能會和其他聲音討論患者，像是：「你不覺得大家都討厭他嗎？」「因為他都不洗澡啊。」甚至會命令患者「去死」之類的。不過有時候，這些聲音也會友善地鼓勵患者：「你很棒！繼續保持下去。」友善的幻覺是最不容易消失的，但話說回來，這也不見得是壞事，畢竟它們通常都會帶來正面的影響。

至於妄想，指的是患者會對某些想法深信不疑，但這些想法往往跟一般人對現實的看法不相符，比如說「外星人在我腦中植入了晶片」。妄想還有一個特徵，就是它非常堅定、幾乎不可動搖，但一般的想法絕少會如此堅定。舉例來說，大部分的人都會相信自己的父母是真正的父母，但如果你問他們是不是百分之百確定，一般人都會承認沒辦法。但如果你問思覺失調症患者是否確定聯邦調查局在用無線電洗腦他，他會告訴你這件事絕對是真的。無論多少證據都無法說服他放棄這個念頭。

最好的例子，就是曾獲得諾貝爾經濟學獎的數學家約翰・奈許（John Nash），他罹患思覺失調的故事被傳記作家希爾維雅・納薩（Silvia Nasar）寫成了《美麗境界》（*A Beautiful Mind*），書裡提到奈許和哈佛教授喬治・麥基（George Mackey）之間的這段對話：

「你怎麼，」麥基尋找著詞彙，「我是說，身為一個數學家，一個深信理性和邏輯證明的人……你怎麼會相信有外星人傳訊息給你？怎麼會相信他們從外太空招募你拯救世界？你怎麼……」

奈許聽完以後抬起頭，冷冷地盯著麥基。他的雙眼眨也不眨，裡頭沒有任何激動的情感，就像一隻鳥，或是一條蛇。「因為，」奈許像是自言自語一樣，用他柔和、理性、慢吞吞的南方口音說，「這些超自然的想法，跟我在研究數學時的想法，是同一種方式產生的。」

不過，這些想法究竟是從哪裡來的？我們可以從思覺失調症的治療方式找到第一個線索。當病患診斷出思覺失調症，精神科會開立抗精神病藥，這類藥物能降低多巴胺欲望迴路的活動。乍看之下有點奇怪，因為欲望迴路受到刺激會讓人更興奮、熱情，充滿動機和欲望。這些刺激怎麼會導致精神病？問題出在**醒目性**（salience）這個概念，之後等我們討論到創意的來源時，這個概念也非常重要。

醒目性與多巴胺連結

醒目性的高低代表一件事有多重要、出眾，或是令人注意。比如「不常見」就是一種醒目的特質。如果有人打扮成小丑走在路上，一定會比穿著西裝的人更醒目；換句話說，他會顯得更加格格不入。「價值」也是一種醒目的特性：裝著一萬美金的公事包，絕對比裝著二十美金的皮夾更醒目。另外，不同事物的醒目性也會因人而異。同樣一罐花生醬，在對花生過敏的人眼中，會比在沒有過敏的人眼中更醒目；在喜歡花生三明治的人眼中，也會比在喜歡鮪魚三明治的人眼中更醒目。

試著想像一下這些東西：熟到不能再熟的雜貨店，和昨天才開的雜貨店；陌生人的臉和暗戀對象的臉；平常走在路上看到警察，和違規左轉以後看到警察。你應該有發現，如果一樣東西對你愈重要，也就是愈有可能影響你的幸福快樂，無論是好是壞，都會比較醒目。如果它比較有可能影響到你的未來，也會比較醒目。醒目的東西會觸發多巴胺迴路，大聲廣播：**快醒醒！注意注意！該興奮了！這很重要！**如果你在公車站瞄到報上一篇有關加拿大貿易協定的新聞，除非這些瑣碎的談判細節對你有很大的影響，不然你根本就不會打起精神認真讀，多巴胺欲望迴路也不會被喚醒。但如果你突然瞄到一個高中同學的名字，發現她也參加了這場談判。**砰！醒目！多巴胺來了！**你開始繼續讀，愈讀愈有興趣，這時你發現自己的名字也出現在上面。你可以想像這時多巴胺會受到多大的影響。

精神短路

但如果大腦判斷醒目性的功能出了問題，明明什麼重要的事都沒有發生，卻還是擅自啟動呢？想像你正在看新聞。主播正講到政府的監聽計畫，然後你的醒目性迴路就突然啟動了，你可能會開始相信這篇報導和你有什麼關係。太頻繁或時機不對的醒目性警報，都會帶來妄想，讓原本不太重要的事情突然變得重要起來。

思覺失調症患者有幾個常見的妄想，像是認為電視上的人在對他們說話，還有自己正在被國安局、聯邦調查局、蘇聯國安會或特勤局調查。有個病患說他曾看著一個停車號誌，覺得那是他母親在警告他不要盯著女人看；還有一個病患曾在情人節看到住處外面停了一臺紅色的車子，就相信那是精神醫師的示愛訊息。有的時候，從未罹患精神疾病的人，也會對黑貓、數字十三等一般人覺得不重要的東西產生醒目性反應。[2]

雖然不同事物的醒目性，對每個人都不相同，但一般人都會有個底限。因為如果我們真的去觀察身邊每一件事物的每一個細節，很快就會承受不住，所以我們會把某些東西歸類成不重要的低醒目性事物，以便忽略它們。

阻斷多巴胺來治療精神疾病

思覺失調症患者會透過服用阻斷多巴胺受體的藥物來控制多巴胺的活躍程度（見圖四）。我們的腦細胞外有許多受體分子，負責捕捉多巴胺、血清素、腦內啡等神經傳導物質。每一種傳導物質都有專門的受體，各自以不同的方式影響腦細胞。有些受體會刺激腦細胞讓它興奮，有些則會安撫腦細胞使其鎮靜。就像電腦晶片靠著開開關關裡頭的電晶體來運作，大腦也是靠著改變細胞的行為來傳遞訊息的。

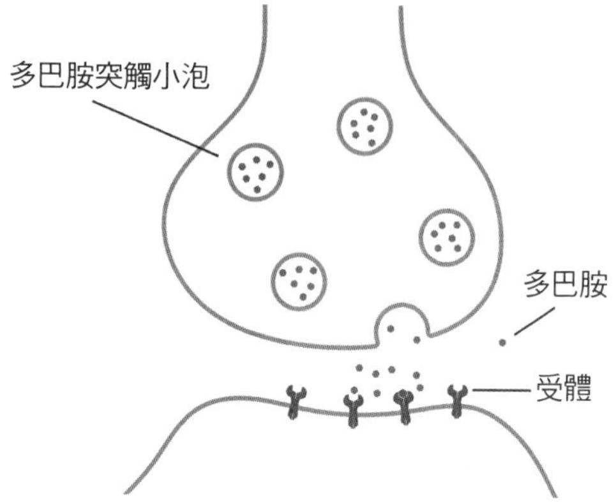

圖四

而使用抗精神疾病藥物之類的物質，就像是用膠帶黏住鑰匙孔，讓它無法捕捉多巴胺等神經傳導物質，也無法幫大腦傳遞訊號。一般來說，光是阻礙多巴胺並不能消除所有思覺失調的症狀，但至少可以讓人擺脫幻覺和妄想。不幸的是，抗精神疾病藥物會阻礙大腦中所有的多巴胺，也會妨礙額葉的控制迴路，讓某些病症更加惡化，比如說變得更難專心思考抽象概念。

當然，醫生也會試著調整劑量，盡可能增強藥物的功能、降低它的傷害；一面抑制醒目性迴路中過度活躍的多巴胺，一面避免過度壓抑負責長期計畫的控制迴路。至於具體的目標，則是讓劑量剛好能阻斷百分之六十到八十的多巴

2 迷信是輕微的妄想還是個人的選擇？研究指出，迷信的人很大一部分都有高多巴胺傾向，所以或許有些人在基因上就是比較容易迷信。

胺受體。另外，如果周遭真的發生很重要的事，導致多巴胺大量分泌，醫生也會希望抗精神病藥的分子能暫時讓路，讓重要的訊號通過。畢竟如果你的遊戲打到魔王戰了，或是最近正在找新工作的話，那最好還是能感受到一點興奮，這樣才會有前進的動力。

但早期的抗精神病藥物在這方面的表現不是很好，會緊緊抓住受體。即使服藥者碰到什麼有趣的事，導致多巴胺大量分泌，這些卡在受體上的藥物也會讓多巴胺完全無法通過，導致服藥者感受不到自然的多巴胺激流，覺得世界呆板無味，甚至找不到離開枕頭的理由。新的藥物不會抓那麼緊，如果碰到多巴胺大量分泌就會被沖開，讓快樂的感覺可以通過。

思緒氾濫成災

思覺失調症患者的大腦會把原本應該熟悉並且忽視的尋常事物當成值得注意的醒目事件。這種症狀還有一個名字，叫做**低潛在抑制症**（low latent inhibition）。一般來說，「潛在」是指有東西被隱藏的狀態，比如「潛在的音樂天賦」或「飛天車的潛在需求」。不過在這裡，潛在的意思不太一樣，它指的不是有什麼東西被隱藏起來，而是我們會把對自己不重要的東西隱藏起來。

我們會抑制自己的注意力，忽略不重要的事物，以免在上面浪費精力。如果我們走在路上時被乾淨的窗戶分心，就有可能沒看到路口的紅燈已經亮了。如果我們分不清別人的臉色重要還是領結顏色重要，就有可能搞砸升官發財的機會。舉個更明顯的例子，假設你搬到了消防隊旁邊，一開始聽到警鈴響起可能會刺激你的多巴胺迴路，但習慣以後，你就會知道自己不會發生壞事，然後把警鈴聲當成雜訊抑制掉。來你家的人可能會問：「那是什麼聲音？」而你會困惑地回答：「什麼什麼聲音？」

不過有時候，身邊的新東西也會多到打亂潛在抑制的機制，讓人無法分辨哪件事比較重要。依據實際情況和當事人是誰，這種經驗可能會讓人興奮，也可能把人嚇壞。比如人在陌生異國的時候，就沒有什麼能抑制的東西，這種感覺或許讓人開心，但也會讓人困惑、失去方向，形成所謂的文化衝擊。報導作家亞當．霍柴爾德（Adam Hochschild）曾這麼描述文化衝擊：「當我來到一個和美國差異極大的國家，我會比平常注意到更多東西。這種感覺就好像吞了某種精神藥物，讓我看到平常不會注意到的東西，讓我更有活著的感覺。」但我們也會慢慢調適、熟悉，最後掌握新的環境，學會分辨哪些東西會影響我們、哪些不會，這時潛在抑制機制就會恢復正常運作，讓我們在新環境中感到舒服自信。因為我們又能分別重要和不重要的事物了。

但是萬一大腦無法調適呢？萬一最熟悉的地方也變得像陌生國家的話呢？有這種問題的並不限於思覺失調症患者。有個網站叫做「低潛在抑制者資源與探索中心」（Low Latent Inhibition Resource and Discovery Centre），上面聚集了不少因這問題感到困擾的人。他們這麼描述自己的感受：

> 低潛在抑制會讓人用處理新刺激的方式去對待熟悉的刺激。回想一下每次看到新東西的時候，你是怎麼全神貫注去觀察它的細節，然後想到一個又一個問題的：「這是什麼？這可以幹嘛？為什麼它在這裡？它有什麼意義嗎？我要怎麼用它？」類似這樣的想法會不斷迸出來，塞滿你的腦子。

有個網友在回覆中分享了自己的經驗：

我快瘋了！腦袋裡一堆東西搞得我根本睡不著。我什麼都沒辦法看，我會一直觀察，最後把自己累爆！救命，我不想再看到任何東西了！我只想躲進森林，什麼都不要看不要讀，遠離所有科技、影像、聲音。不要干擾，不要改變，不要動！我要睡覺，不要作夢，不要在夢裡回答我的問題，不要在夢裡叫我起床工作！我好累……我不想思考了……

輕微的低潛在抑制傾向在藝術創作中很常見，經典童書《小熊維尼和老灰驢的家》（*The House at Pooh Corner*）就是一個例子。書中的維尼正在跟小豬分享他剛寫的詩，詩的主角是吵鬧的跳跳虎，最近才剛搬進百畝森林。害羞的小豬提醒維尼，跳跳虎的身軀很大，於是維尼想了一下，完成了詩的最後一段：

用磅、用先令、用盎司[3]

3 譯註：英鎊和磅的英文都是pound，而先令和盎司分別是比pound小一級的貨幣和重量單位。

都量不出他的體重
因為他是一隻跳跳虎！

「完成了，」維尼問小豬，「你喜歡嗎？」小豬回答：「我喜歡，可是為什麼要提到先令？它出現在這裡好奇怪。」

「因為磅先出場了，所以它也想加入，所以我就讓它進來了。」維尼解釋，「寫詩就是這樣，你想到什麼就把它說出來。」

人類腦中有很多地方都是一片混沌，需要靠其他更有邏輯的部位去整理，但裡頭也蘊藏許多寶藏。不管你覺得維尼在詩裡用了「先令」是不是神來之筆，創意寫作的基本原則之一，就是打草稿時一定要關掉腦中的審查機制。幸運的話，就會有好東西從潛意識裡跑出來，一旦它們和讀者的潛意識產生共鳴，你的故事就會更深入人心。

但如果「想到什麼就把它說出來」失控了，看起來就會像下面這段思覺失調症患者的話：

他們說我得了電視牙。電視牙就是你被他們抓住，腦袋被插了針以後得到的東西，他們可以用這監聽你，聽很多年，你也許知道，也許不知道。像我就不知道。他們有很奇妙、貴得要命的裝備。他們跟我說，欸，我們可以檢查一下你的腦袋，呃，如果腫塊裡有瘀傷，並且你頭皮頂部的電流不太對，我們就會為那次受傷提供社會保險，不然就擺著。感覺像腦性麻痺。

在這個案例中，說話的人完全無法控制要說什麼，無論他腦中出現什麼想法，都會立刻變成不經修飾的話語。但如果仔細讀這段紀錄，還是勉強可以猜出他想表達什麼，只是非常不容易。我們說話的時候通常都會經過篩選，這麼做除了過濾掉別人無法接受，或是沒有邏輯的話，也可以按照順序組織想法。

如果新的想法不斷冒出來，取代還之前還沒完成的想法，又沒有東西控制這些想法的話，表達就會變得毫無條理。這種言詞跳來跳去的症狀如果比較輕微，稱做**言語岔題**（tangentiality），當事人說的話會在好幾個想法間不斷切換，但多少還是可以理解。像是「我等不及要去大洋城了，那邊調的瑪格麗特超讚。下午我得先開車去保養。你等一下午餐要去哪吃？」我們興奮的時候也會這樣說話。這種時候，欲望多巴胺會全速分泌，使得控制多巴胺無法維持比較有邏輯的溝通方式。

而語言失控最嚴重的症狀則是**文字沙拉**（word salad）。這種狀況會讓語言變得支離破碎，令人聽得一頭霧水。比如說：「今天早上感覺怎麼樣？」「醫院鉛筆和墨水報紙評論照顧母親幾乎都來了。」

✻

從事創意思考的人，比如藝術家、詩人、科學家和數學家等人，有時也會和精神病患一樣遇到想法不受控制的時刻。因為創意思考需要放下對世界既有的認知和詮釋，從全新的角度看待一切。換句話說，他們必須拆解心中原有的現實模型（model）。但話說回來，這些模型是哪來的？我們為什麼要建立這些模型？

知覺外的世界

當東西在我們觸手可及的區域時，我們可以用五官去感知，獲得「當下分子」帶來的感受。但是當東西遠離我們，離開我們所在的此處當下，我們對它的感受也會逐漸斷裂，最後由多巴胺負責一切認知。在所有感官裡，最先斷裂的是味覺，然後是觸覺。隨著東西愈離愈遠，我們會慢慢聞不到、聽不到，最後看不到它。這時，東西就會開始變得有趣起來。因為當一個東西遠到看不見，我們就只能依靠想像力了。

為了更了解這個世界，我們會用想像力在腦中建立出各種事物的模型。某種程度上，建立模型和潛在抑制很像，因為人在為環境中的事物建立模型時，只會留下他認為重要的部分，忽略其他細節。這會讓世界顯得更容易理解，也讓人更容易想像要用什麼手段控制它，以便獲得更多好處。這個過程往往是在不知不覺中進行的，大腦會在每天的日常生活中自動建立模型，並在我們學到新知時自動調整升級。

模型並不只是我們對這個世界的認知，我們也依靠模型來總結經驗，從這些摘要中整理出普遍通用的規則。有了這個過程，我們就更容易預測和處理以前不曾遭遇過的情境。比如說我雖然沒有看過法拉利，但只要我看到，我就知道要怎麼開。我不用先研究，也不用先測試我可以用它做些什麼特別的事情。要是我看到每一臺車都得這麼做一遍，那我就不用過日子了。不，我已經根據以前和車子打交道的經驗，在腦中建立了一臺車子的模型。就算是我沒看過的車子，只要看起來大致符合這個抽象概念，我就可以很快地把它歸類成車子，知道它也不過就是臺交通工具。

辨認出車子聽起來不怎麼厲害，但許多壯闊的抽象概念，其實也是靠建立模型的功能實現的。好比說牛頓就是藉著觀察真實物體的移動，發現了萬有引力定律，這條定律不但能預測蘋果會從樹上掉下來，也能計算天上星辰和整個銀河的運動。

內心時間旅行

當我們要從不同選項裡做出決定時，模型非常有用。靠著模型，我們可以在想像中排演每個選擇的後續發展，找出最好的一個。舉例來說，如果我現在要從華盛頓前往紐約，我可以選擇要搭火車、公車還是飛機。為了知道哪個選項最快到達、座椅最舒服、票價最便宜，我會想像每一個選項的旅程，然後根據自己內在的經驗，在現實世界做出選擇。這個過程叫做**內心時間旅行**（mental time travel）。藉著想像，我們可以在不同的未來做出各種計畫，在內心體驗這些計畫，然後根據這些經歷，決定我們要如何得到最好的結果——也就是如何利用資源最有效。

這個強大的機制同樣也是多巴胺系統的功勞。它讓我們能事先體驗有可能發生，但此刻還沒有成真的未來，並使我們感到身歷其境。不過，內心時間旅行其實是在預測尚未經歷的情境，比如：如果我買下這臺新出的洗碗機，生活會有什麼改變？太空人前往火星時會遇到什麼問題？我如果闖紅燈會發生什麼事？要預想這些，我們必須先有可以利用的模型。

我們無時無刻都在進行著內心時間旅行，因為這個機制的目的就是幫助我們在生活中做出有意識的選擇。無論是你在漢堡王裡決定要點些什麼，還是總統在白宮裡決定要不要開戰，任何經過深思熟慮的選擇，都是根據多巴胺系統，還有它打造的模型來決定的。我們生活中所有的「下一步」，都是經歷內心時間旅行後才跨出去的。

我建的模型怎麼這麼醜？可以改嗎？

今天的新病患叫阿梅，是個年僅二十歲的大學生。在正式看診前，她父親先和醫生約了一次對談。「她很乖，以前從來沒給我們惹過什麼麻煩。」根據她父親的說法，阿梅是標準的好學生，高中就曾獲選參加附近大學裡的重要研究計畫，後來還成為畢業生代表。她從來沒惹過任何麻煩，沒有嗑藥、沒有喝酒，也不曾夜不歸宿。生在移民家庭的她一直都很孝順父母，對父母的所有期待都甘之如飴。但她上禮拜卻因為試圖自殺被送進加護病房，直到今天才批准出院。

正式會面那天，阿梅提早了三十分鐘到，在候診區乖乖等了三十分鐘。她很瘦，穿得像是要來面試一樣。不過她聲音很小，有時候根本聽不到她在說些什麼，感覺像是她認為自己要講的東西很機密，不能講得太大聲一樣。

阿梅告訴醫生，她一直沒辦法專心、沒辦法睡覺，有時候還會一連哭上好幾個小時。她已經很久沒去上課了，平常都待在房間，把窗簾拉得緊緊的。她選修的課程太多，壓力大到根本無法應付，最後只好選擇休學。但最重要的是她覺得自己做錯事了。一直以來她都是完美的女兒，現在卻成了家族的恥辱。

剛和家人一起來到美國時，阿梅年紀還很小，但她很快就練成了流利的英文，開始負責照顧全家人的生活。她會檢查家裡的水電費有沒有繳，水槽漏水的時候也是她打電話給水電工。父母吵架的時候，她還要居中協調。她覺得自己要負責扛起全家人的幸福美滿，所以她的成績永遠都拿A，而且一直維持纖細的身材和講究的穿衣品味。青春期的時候，她也沒有像別人一樣叛逆，不管父母要她做什麼，她都乖乖聽從，因為他們不會接受任何抗議。

阿梅很聰明也很配合醫生，因此醫生原本期待治療可以有不錯的成效。但不管阿梅怎麼努力，都看不到什麼改變。她的憂鬱症沒有好轉，休學期間結束後，阿梅離開了學校。

過了很久以後，阿梅才說出藏在心底的祕密：她一直在使用安非他命。只有這樣她才能跟上課程、維持媽媽滿意的體重，還有處理那些她一直以來承擔的家務責任。藥物也許一時之間管用，但是用久了注定失敗。而且她也有不少情緒問題。少了青春期叛逆，阿梅對內心的憤怒和怨懟很困惑，她不知道要怎麼處理這些可怕的感受。最後，唯一可行的對策，似乎就只剩搬去其他城市。她需要盡可能和家人保持距離，才能釐清自己到底是誰。

我們腦中的模型和現實世界有多接近是非常重要的。如果模型做得很差，我們也會對未來做出很糟的預測，進而做出很糟的決定。讓模型設計不良的原因很多，比如情報不足、缺乏抽象思考的能力，或是執著於錯誤的假設。錯誤的假設可能會造成糟糕的後果，甚至導致焦慮症和憂鬱症等精神疾病。舉例來說，如果父母經常批評孩子，他們就可能覺得自己很沒用，而這種信念又會在這一生中不斷影響他們在腦中為世界塑造的模型。這些錯誤的假設通常潛伏在人的潛意識中，不過藉著洞察導向療法（insight-oriented psychotherapy）等技術，治療師就可以和患者一起發掘出那些牢牢固定在負面假設中的記憶，並修正這些錯誤。除了洞察導向療法，認知行為療法也頗有幫助，這種技術鼓勵患者直接面對錯誤假設，並提供可行的策略協助他們做出改變。

我們遇到的每一個經驗，都能幫助我們打造更完善的模型，而當我們接受有用的模型、放棄行不通的模型，就能淬煉出智慧。除了自己的經驗外，祖先的知識也可以幫助我們改進腦中的模型，無論是「亡羊補牢，時猶未晚」這樣的成語，還是偉大科學家與哲人的發現，都是非常寶貴的智慧。

創意的第一步：打破模型

手裡拿著鐵鎚，看什麼都像釘子。

——英文諺語

模型是很好用的工具，但再好的工具也有缺點。一旦我們依賴模型，就會習慣用固定的方式思考，遺漏掉讓世界變得更好的機會。舉例來說，大家應該都知道，電腦要輸入指令才能作業。程式設計師一般都是用鍵盤來輸入指令。而這就形成了一個簡單的模型：**操作電腦需要用鍵盤輸入指令**。但全錄帕羅奧多研究中心（Xerox PARC）的科學家發明了滑鼠和圖像化使用者介面；之所以能發明這些東西，是因為他們先擺脫了舊有的模型。不論是建立模型還是打破模型，都是多巴胺的功勞，因為要做到這兩件事，我們都不能只想著現存的事物，還要想像未來的可能。

有一類叫做頓悟謎題（insight problem）的益智遊戲，就是設計來考驗打破模型的能力。在解這種謎題時，必須先拆開腦中既有的模型，才能從全新的角度看待題目，比如下面這個例子：

何人經商出遠門，河水奔流不見影。千柯木材火燒盡，百舸爭流舟自沉。打一字。[4]

這個謎語不好猜，除非你之前聽過，或是有低潛在抑制症，不然應該很難想出謎底是「可」，因為題目用敘事詩的結構描述了一名商人的不幸，誘導你抑制掉那些顯然無關的雜訊：何少了人、河沒有水、柯沒有木、舸少了舟都只會剩下「可」。

我們再來看一個例子。「HIJKLMNO」這串字母代表什麼？有個人看到這個題目以後，就一直做跟水有關的夢。他一開始不知道為什麼，但仔細看一看題目就會發現，對耶，是「H_2O」（H to O）。至於多巴胺在夢境中發揮的力量，我們待會還會再提到。

二三十年前還有一個謎題也是因為打破了不少人腦中的模型而出名的。不過放到今天可能就不算什麼了：

有對父子出了車禍，父親當場死亡，兒子被送往最近的醫院，醫生一看到他就大喊：「我不能幫這孩子動手術，他是我兒子！」怎麼會這樣呢？

探索創意的來源……

多倫多約克大學的歐辛．瓦塔尼揚（Oshin Vartanian）曾經想知道，人在尋找新解方時，大腦中哪個部分最活躍？於是他找了一些人，請他們解開一些需要發揮創意的問題，並掃描這些人的大腦。結果他發現，人在解決問題時，最活躍的是大腦的右前方，也就是右前額葉皮質的部分。他猜想這部分的大腦或許也跟打破模型有關。

4 譯註：原文為英語猜謎格式的文字遊戲，此處改成格式類似的猜字燈謎。原題目如下：I'm in years but not months. I'm in weeks but not days. What am I? 答案為字母 e。

於是他的第二個實驗中沒有要求受試者解決問題，而是要他們發揮想像力。首先，他要受試者想像一些現實中存在的東西，比如「一朵玫瑰花」。接著要他們想像一些不存在、現實中也沒有常見模型可以參考的東西，比如「一臺活的直昇機」。掃描結果顯示，同一個部位在大腦發揮想像力時也會有反應，但僅限受試者想像現實生活中不存在的東西的時候；如果想像的是現實中的東西，螢幕上的右前額葉皮質就不會發亮。

掃描思覺失調症患者的大腦時，也會看到一樣的變化。所以或許，當我們在發揮創意時，都會變得有點像是得了思覺失調症。這時，我們不再抑制那些原本在現實世界中覺得不重要的細節，開始把那些曾以為不相關的事物貼上醒目的標籤。

……然後把創意電醒！

找出神經系統如何產生創意，可以創造數之不盡的可能性，因為全世界最有價值的資源就是創意。發明新的耕作技術可以養活數百萬人。而發明燈泡，則讓人類將燃料轉變成光的成本降低了整整一千倍。那麼，有沒有方法可以增加創意這份無價的寶藏呢？如果刺激創意思考時所使用的腦區，人會變得更有創意嗎？

有一群得到美國國家科學基金會（National Science Foundation）資助的研究者決定嘗試看看。他們利用了一種叫做「經顱直流電刺激術」（transcranial direct current stimulation, tDCS）的技術；這種技術正如其名，是使用直流電而非交流電來刺激大腦的特定區域。選用直流電是因為它的電量比交流電小，所以較為安全，經顱直流電刺激術用的設備通常很簡單，有些甚至只需要一顆九伏特的方形電池，跟煙霧偵測器一樣。儘管研究中選用的商用機器要價數千美金，但也有人能花十五美金就在五金家電行找到零件拼湊出堪用的機型，雖然我個人強烈建議不要做這種事。

小規模研究發現，這些設備可以加速學習、提高專注，甚至能用在憂鬱症的臨床治療上。而在提昇創意的研究中，團隊找了三十一名志願者，在他們的前額貼上電極，以便刺激眼窩後方的腦區。至於衡量創意的標準，則是受試者類比思考的能力。

選擇類比思考是因為，這種思考方式非常能反映多巴胺的特徵。光的波粒二象性就是一個例子：有時候，光的性質就像是從槍膛射出的子彈，有時又像是穿越水面的漣漪。類比思考能像這樣捕捉到一個概念無形、抽象的精髓，和另一個明顯不相關卻類似的概念連結在一起。儘管我們的五感知道兩者並不相同，理性上卻能了解它們的雷同之處。因此將全新的概念和熟悉的概念進行類比，就可以讓人更容易了解新的概念。

像這樣連結兩個原本看似不相干的事物，是創意的重要元素之一，而電流刺激似乎真的可以強化這種能力。雖然實驗組和對照組都做出了精準的類比，但相較於頭上電極被偷偷關掉的對照組，接受經顱直流電刺激術的實驗組所做的類比更特別也更有創意。

多巴胺藥物也有相同效果。雖然有些帕金森氏症病患服用多巴胺藥物後出現了破壞性的衝動，但也有些人感覺自己突然充滿創意。有位出身詩人家庭但不曾從事創意寫作的病患，在開始服用多巴胺藥物治療帕金森氏症後，不但開始寫詩，還贏得了國際詩人協會的年度競賽。許多畫家在服用這類藥物後，用色也變得更生動大膽。有位病患在接受治療期間還發展出新的風格：「我的新風格不像以前那麼講究，但是變得有活力。我想多展現自己，放手讓它自由發揮。」就像小熊維尼說的：「寫詩就是這樣，你想到什麼就把它說出來。」

夢境：創意與瘋狂的交融

絕大多數的人既非天才，也不是狂人，但我們都曾體驗過這兩者的感受，只不過是在夢裡。作夢和抽象思考很像，都是以外在世界的經歷為素材，只不過夢境運用這些素材的方式並不受現實中的法則約束。「高處」是夢中最常見的主題之一，有些人會在夢中翱翔天際，有些人會夢到自己從雲端墜落。除了高處，「未來」也是一個常見的主題，比如在夢中追逐某個強烈渴望卻遙不可及的目標。而斷離五感、抽離現實的夢境，同樣也是多巴胺的產物。

佛洛伊德將夢中發生的心理活動稱為「原初思考」（primary process），這個詞也常被拿來描述思覺失調症患者的思考方式。就像德國哲學家叔本華說的一樣：「夢是短暫的瘋狂，瘋狂是長久的夢境。」這種思考沒有組織、沒有邏輯，也不涉及現實事件中的一切限制，完全由原欲（primitive desire）驅使。多巴胺在作夢的時候會大量分泌，不受其他應付現實世界的神經傳導物質影響。由於睡覺時來自外在世界的感官訊息停止輸入腦部，處理此處當下的迴路運作也會受到壓抑，這讓多巴胺迴路能到處製造奇怪的連結，而這種連結就是夢境最大的特徵。原本清醒時瑣碎、沒有被注意到的奇怪資訊，都會被放到最顯要的位置檢視，從而創造出原本不會產生的新想法。

夢境和精神病的相似之處一直讓許多研究者十分著迷，相關的研究文獻也極其豐富。義大利米蘭大學有個研究團隊就蒐集了許多健康人士在夢中的奇思異想，以及健康受試者與思覺失調患者在清醒時的幻想，以比較這些思緒的異同。

研究人員會用主題統覺測驗（Thematic Apperception Test, TAT）來引發清醒時的幻想。[5]這種測驗會用到一系列圖卡，卡片上畫著身處各種情境的人，有些畫的內容曖昧不明，有的則充滿情緒張力。這些圖卡的主題包括成功和失敗、競爭與嫉妒，還有侵略和性慾。測驗需要受試者仔細看著圖卡，用故事解釋畫面上的故事。

接著，研究人員會用怪誕密度指數（Bizarreness Density Index）來比較思覺失調患者和健康受試者描述的夢境，以及他們在主題統覺測驗中編的故事。比較的結果顯示，夢境和精神病患的狂想確實很像。思覺失調症患者描述的夢境、思覺失調患者在測驗中說的故事，以及健康受試者描述的夢境基本上可以說是同樣怪誕。相反地，健康受試者在測驗中說的故事就不太怪誕。從這份研究來看，叔本華說得沒錯，和思覺失調症共處，就像是在夢境裡生活一樣。

夢中採收創意的方法

如果作夢和精神病這麼相似，我們是如何變回自己的？我們是一口氣脫離夢境，還是逐步取回邏輯和理智？如果這個過程需要時間，那在這段時間裡，我們是不是都有一點瘋癲？除了這些問題，還有一件事值得考慮：我們並不是每次睡覺都會作夢，有時候也會一夜無夢到天明。如果從睡著到清醒之間有一段過渡期，那麼從夢中醒來，和從無夢的沉眠裡醒來，思考的過程會不會有差別？

紐約大學的研究團隊曾經研究過有作夢和沒作夢的人醒來後，會在主題統覺測驗中會說出什麼樣的故事。他們發現剛作完夢的受試者說的故事比較長、比較詳盡，也有更多巧思，故事中的畫面更為生動，內容也更加怪誕。以下故事來自一個剛作完夢的健康受試者，研究人員給他的圖卡上有個男孩正盯著小提琴看：

5 在這個脈絡下，幻想是泛指各種想像力的產物，而非財富無限之類的白日夢。

他在想著他的小提琴，表情看起來很悲傷。等等！他的嘴巴在流血！還有他的眼睛……是不是瞎了！

另一位剛作完夢的受試者拿到的圖卡，則是有個少年攤在地上，頭靠著板凳，身邊還有一把手槍。受試者看了以後說：

我看到床上躺著一個男生，他感覺很難過，看起來好像快哭了。不過他也可能在笑，可能是在玩遊戲。喔他也可能是女生。

他們都死了。還是那是一隻貓？對了，地板上好像有什麼東西……是鑰匙，不對是花，還是那是玩具？有可能是船。

這位受試者從無夢的睡眠中醒來後又拿到了另一張圖卡，這次上面的畫沒那麼驚悚，而他的描述也沒那麼怪誕，而是平鋪直述的：「有男孩穿著襯衫，沒穿襪子。就這樣。」

很多人從夢中醒過來時，都曾有卡在兩個世界中間的感覺。這時他們的想法比較浮動，沒有固定的主題，而且也沒什麼邏輯。不過也有些人說像這樣卡在兩個世界中間時，是他們最有創意的時候。在清醒的時候，大腦會把注意力放在外在世界，過濾掉和此處當下無關的事；但是在半夢半醒的時候，這些機制不會發揮作用，放任多巴胺迴路不斷活動，讓思緒恣意流竄。

在十九世紀的工業界，苯是非常重要的化學物質，化學家奧古斯特．凱庫勒（Friedrich August Kekulé）也因為發現了苯的分子結構而聲名大噪。苯分子是由六個碳原子和六個氫原子組成的，這讓當時的化學家非常困惑，因為一般來說，碳氫化合物的氫原子都比碳原子來得多，所以它的結構絕對是前所未有的。

為了找出解答，化學家想了無數種方法來排列這十二個原子，但沒有一個排列方式能符合化學鍵的結合規則。他們知道碳原子可以像珍珠一樣連成一串，也能以直角岔出分支，但嘗試出來的結果沒有一個符合苯分子的已知特性。因此在凱庫勒恍然大悟以前，苯真正的形狀始終是個謎團。根據凱庫勒的描述，他的頓悟過程是這樣：

「我當時坐在椅子上，寫著我的化學課本，但進度不太妙，我的心完全跑去別的地方了。於是我把椅子轉向火爐，小小打個盹。就在這時，那些原子又出現在我眼前開始嬉戲。這次它們聚得很緊，在廣大的背景中看起來很小一群。我已經在內心看過無數類似的景象了，現在只要一眼就能看出這些形狀會形成什麼結構。這次它們連成一長串，排得比平常更緊密，不斷地移動，像蛇一樣扭來扭去。我仔細看過去，它們到底在幹什麼？結果我看到一條蛇咬住了自己的尾巴，像嘲笑一樣在我眼前旋轉。然後我就像被閃電打中一樣醒了過來。」

從古老的銜尾蛇圖形，凱庫勒想到苯的六個碳原子可以形成一個環。傳統上，銜尾蛇象徵著無始無終、自成一體的循環，正如夢境也是內在思維的內在展現，沒有了感官，多巴胺便能在夢境中自由流轉，不受僵固的外在世界所束縛。

研究夢境的哈佛醫學院心理學家迪爾德．巴雷特博士（Dr. Deirdre Barrett）指出，凱庫勒在夢中找到答案並不是意外。大腦在作夢時和清醒時的活動大致相同，只有少數幾個關鍵的差別。最明顯的當然就是負責過濾無關細節的額葉會暫停活動，但枕葉（occipital lobe）

的次級視覺皮層（secondary visual cortex）卻會更頻繁活動。次級視覺皮層不會直接從眼睛接收訊號，而是負責處理初級視覺皮層（primary visual cortex）傳來的訊號，以便讓大腦理解眼睛看見了什麼。

夢境大部分都是由影像組成的。巴雷特博士在《睡眠委員會》（*The Commitee of Sleep*）一書中說，利用夢境解決現實中遇到的問題，並不是專屬於凱庫勒的傳奇故事，而是每個人都在做的事。為了解釋夢境如何幫人解決問題，她找了一群哈佛的大學生來進行實驗。

她要學生們先寫出自己最困擾的問題，無論是個人生活、學業還是其他難以歸類的問題都可以。接著她告訴學生一種叫做「孵夢」（dream incubation）的技術，可以讓人更容易夢到自己的問題，並在夢中解決問題。學生們需要在一週內不停記錄自己的夢境，或是直到問題解決為止。一週過後，這些問題和夢境紀錄會交由一個獨立小組討論，判斷夢境是否真的有助於解決問題。

結果非常令人驚訝。大約一半的學生都作了跟問題相關的夢，其中有七成的人相信夢境中包含了解決方法。討論小組也大致同意這個看法，認為大約有一半的人都在夢中找到了解決方案。

比方說，有個參加實驗的學生正在煩惱畢業以後要從事什麼行業。他申請了兩個臨床心理學程，而這兩間學校都位在他的家鄉麻薩諸塞州。此外，他還申請了兩個工商心理學程，分別位於德州和加州。有天晚上，他夢到自己坐著飛機，飛過一張美國地圖；突然，飛機的引擎出了問題，機長用廣播說他們剛經過麻薩諸塞州，正在尋找安全的降落地點。這名學生建議他們應該就在這裡降落，但機長說麻州太危險了不適合降落。起床以後，他就了解到自己在麻州待了一輩子，是時候出去看看了。對他來說，研究所不只是讀書的地方而已，而他的多巴胺迴路也為他指出了新的未來。

歌與夢的敘事

夢境常常是藝術創作的靈感來源。披頭四的保羅．麥卡尼曾說〈昨日〉（Yesterday）這首歌的旋律，就是他在夢裡聽到的。滾石的基思．理查茲（Keith Richards）也說〈無法滿足〉（Satisfaction）的歌詞和重複樂句（riff）是來自他的夢境。美國歌手比利．喬（Billy Joel）有次在哈特福新聞（Hartford Courant）上談到他的〈夢之河〉（River of Dreams）：「我一睡醒就哼著這首歌，忘都忘不掉。」另類搖滾樂團R.E.M.的麥可・史戴普（Michael Stipe）也是用一樣的方法，為樂團的成名作〈我們知道末世將近（而我並不擔心）〉（It's the End of the World as We Know It (And I Feel Fine)）寫歌詞的。「我夢到一場派對，」他告訴採訪雜誌，「派對上每個人的名字都是用L、B開頭的，像什麼萊斯特・班斯、萊尼・布魯斯、萊納・伯恩斯坦之類的，只有我不一樣。這首歌有其中一段主歌就是這樣來的。」作家更是經常把靈感歸功給夢境，蘇格蘭作家羅伯特・史蒂文森（Robert Louis Stevenson）和史蒂芬・金都說過《化身博士》（*The Strange Case of Dr. Jekyll and Mr. Hyde*）和《戰慄遊戲》（*Misery*）是誕生自他們的夢境。

孵夢：在睡夢中解決問題

找一個對你來說很重要、非常想解決的問題。想解決的願望愈強烈，這個問題就愈有可能在夢中呈現出來。決定問題後，在每天上床前仔細想著你的問題，如果有辦法就盡可能把問題視覺化。如果是跟人際關係有關的問題，就想著對方的樣子。如果你需要靈感，就想著一張白紙。要是你正為某個計畫困擾，就想著能夠代表這份計畫的東西。把這個影像好好放在心上，讓它變成你睡著以前最後想到的事情。

記得把紙筆放在床邊，你一從夢中醒來，不管是否覺得夢到的東西和你的問題有關，都要趕快寫下來。因為夢有時候很刁鑽，會把答案偽裝成別的東西。記得，一定要醒來就馬上把夢記錄下來，不然只要你想到其他東西，記憶就會迅速消散。很多人應該都有這種經驗，明明作了一個很精采、充滿意義的夢，結果一分鐘過後就想不起任何細節了。

有時候可能會需要好幾天，才會知道自己在夢裡尋找什麼，而且從夢裡找到的也未必是最好的答案。不過它或許會是個全新的答案，讓你可以從新的角度思考問題。

為什麼諾貝爾獎得主都喜歡畫畫？

藝術和所謂的「硬科學」之間，比一般人想的還要相近，因為兩者都是多巴胺推動的產物。詩人組織文字歌詠無望的愛情，和物理學家思索公式描述激發態的電子，兩者並沒有那麼不同。這兩件事都需要超越感官的世界，看向更深遠、更根本的抽象概念。不少科學界的菁英都有一副藝術家的靈魂：愛好藝術的美國國家科學院士（Members of the U.S. National Academy of Sciences）比例是一般科學家的一．五倍。英國皇家學院成員的比例則是兩倍，而諾貝爾獎得主將近三倍。一個人愈是熟悉複雜的抽象概念，就愈有可能成為藝術家。

藝術和科學的相似之處，在上個世紀末的電腦程式中顯得特別重要。當時電腦還沒那麼發達，程式設計師往往習慣用最後兩位數來標示年分，比如把一九九九年寫成九九年，以節省珍貴的記憶空間（輸入的時候也比較輕鬆）。沒有人事先想到，當西元兩千年到來時，九九年會不會被電腦當成二〇九九年。如果發生這種事，數以千計的程式都有可能崩潰，而且遭殃的不只是瀏覽器和文字編輯器，飛機、水壩和核電廠的控制軟體也有可能出問題，這就是有名的「千禧蟲危機」（Y2K problem）。千禧蟲危機影響了很多系統，多到市場上根本沒有足夠的工程師能修復這個問題。因此，根據一些報導，有些公司決定招募失業音樂家，因為他們學程式學得非常快。

天才都是王八蛋

音樂和數學這麼容易結合，是因為讓人大量分泌多巴胺的條件通常不會只有一個，如果有一件事能讓你興奮起來，其他事情多半也很容易。因此很多科學家都熱愛數學，不少音樂家對數學也很容易駕輕就熟。但是，多巴胺太多有時也會造成困擾。

大量多巴胺會壓抑人們對此處當下的知覺，因此天才的人際關係通常都很糟糕。我們需要關注此處當下，才能發揮同理心去理解他人內心的感受，而同理心又是社交互動中最重要的能力。如果你在雞尾酒會上遇見一名科學家，他很可能會喋喋不休地暢談自己的研究，因為他根本不知道你毫無興趣。愛因斯坦就曾說過：「我對社會正義和社會責任充滿熱情，但奇怪的是，我明顯缺乏和人類直接來往的需求。」還有：「我愛人類全體，但我討厭人類個體。」社會正義和人性都是容易理解的抽象概念，但實際和另一個人相處的經驗卻複雜多了。

愛因斯坦的個人生活也反映出他很難跟人維持關係。比起人類，他對科學更有興趣。他在跟第一任妻子離婚前兩年，就開始跟表妹有染，一離婚就娶了她。但第二段婚姻開始後不久，他又開始出軌，不但背著表妹和祕書交往，背後還有大概半打的女朋友。充斥多巴胺的大腦是祝福也是詛咒——大量多巴胺讓愛因斯坦發現了相對論，但也讓他不停拈花惹草，無法把心思放在此處當下，專注發展長久的伴侶之愛。

了解天才的大腦如何運作後，我們就可以進一步探索高多巴胺者的人格，還有它的各種表現方式。我們前面也看過，追求享樂的人不但衝動、難以維持長遠關係，而且很容易有成癮問題。我們也知道，熱衷計畫的人習於保持疏離，一個人待在辦公室而非享受和朋友待在一起的時光。現在我們又看到了第三種可能：無論是畫家、詩人還是物理學家，充滿創意的天才通常很難建立人際關係，甚至看起來有些自閉症的傾向。[6]而且，多巴胺豐富的天才傾向專注在自己的內心世界，所以很容易不小心穿著不一樣的襪子、忘記梳頭就出門，而且通常會忽略現實世界中，發生在此處當下的種種事物。柏拉圖寫過一篇蘇格拉底的軼事，說他曾因為思考問題站在同一個地方一天一夜，完全沒注意到身邊發生了什麼事。

表面上看來，這三種個性天差地遠，但其實背後都有一些共通點。他們經常過度關注如

6 自閉症也和腦內多巴胺嚴重過高有關。

何追求最好的未來，無法停下來欣賞自己所在的此處當下。追求享樂的人想要更多，但無論得到多少都不夠，無論他多麼期待未來能到手的快樂，都無法從中找到滿足感。一旦達成目標，他就會把注意力轉向新的目標。疏離的謀略家也很難在未來和當下之間找到平衡；他跟追求享樂者一樣需要不斷追求更多，只不過他的眼光比較長遠，追求的是榮譽、財富、權力等更抽象的滿足。而天才則是住在未知的世界裡，著迷於用他的工作讓未來變得更好。他們確實能改變世界，但這份執著也常讓他們對世人表現得漠不關心。

愛著世界的厭世者

高智商、高成就、高創意的人通常也有更高的多巴胺，不過他們也常有一種奇妙的情感：一方面對人類充滿了愛，一方面又對個人毫無耐心。

我對全人類的愛愈是強烈，我對個人的愛就愈淡薄。我常常在夢裡計畫要如何為人類服務……但我卻完全無法跟任何人一起待在同個房間裡超過兩天……只要有人想接近我，我就會變得充滿敵意。

——俄國作家費奧多爾．杜斯妥也夫斯基（Fyodor Dostoyevsky）

我討厭這世界，同時也充滿善心；我一方面像是有許多地方故障，一方面又是個超級理想主義者，消化哲學思想比消化食物更有效率。

——瑞典發明家阿佛烈．諾貝爾（Alfred Nobel）

我愛人類，但我討厭人。

——美國詩人埃德娜．聖文森．米萊（Edna St. Vincent Millay）

有時他們甚至使用幾乎相同的語言：

我愛人類……我無法忍受的是人。

——查爾斯．舒爾茲（Charles Schulz）為《史奴比》中奈勒斯寫的對白這說來可能不合時宜，但可以解釋得通。有高多巴胺特質的人通常比較喜歡抽象思維而不是感官體驗。對他們來說，愛人類和愛人的差別就像愛小狗的想法和照顧它之間的差別。

悲劇結局

我們大致可以確定，愛因斯坦的高多巴胺特質是基因造成的。他有兩個兒子，一個成了舉世聞名的水利工程師。另一個則在二十歲被診斷出思覺失調症，死在精神病院裡。一些大型人口研究確實也發現高多巴胺人格跟遺傳有關。冰島有份研究在檢視了八萬六千人的基因資料後發現，一個社會擁有愈多演員、舞者、音樂家、視覺藝術家或作家，和思覺失調或躁鬱症相關的基因也愈普遍。

發現萬有引力和微積分的牛頓就飽受這些問題所苦。他非常不擅長跟人相處，就算在科學領域，他也很容易跟人陷入論戰，德國的自然哲學家萊布尼茲就是苦主之一。牛頓喜歡離群索居，個性非常偏執，而且甚少流露情感，幾乎到了冷酷的程度。他在擔任皇家鑄幣廠長的期間，曾不顧許多同事的反對，將大量偽造貨幣的犯人送上絞刑臺。

此外，牛頓也一直擺脫不了瘋狂的陰影。他曾花費許多時間研究聖經裡的密碼，寫下了一百多萬字的宗教和神祕學研究心得。他也著迷於中世紀的煉金術，希望製造出賢者之石（philosopher's stone），利用這種神話物質，像傳說中的煉金術士一樣找出永生不死的祕密。五十歲那年，牛頓終於徹底失去理智，在瘋人院裡渡過他的餘生。

許多歷史證據都顯示，牛頓的多巴胺非常失控，這雖然讓他擁有過人天才，但也對他的社交生活造成許多問題，最後導致他精神失常。而他並不是唯一的例子。無數的天才藝術家、科學家和企業家都可能患有精神疾病，甚至以此聞名。最常見的例子包括貝多芬、〈吶喊〉的作者孟克、梵谷、達爾文、美國畫家喬治亞·歐姬芙（Georgia O'Keeffe）、詩人希薇亞·普拉斯（Sylvia Plath）、特斯拉、曾在二十世紀初以《春之祭》引發暴動的波蘭編舞家瓦斯拉夫·尼金斯基（Vaslav Nijinsky）、以自白詩聞名的美國詩人安妮·賽斯頓（Anne Sexton）、女性主義文學巨匠維吉尼亞·吳爾芙、西洋棋大師鮑比·菲舍爾（Bobby Fischer），這些人甚至還算不上冰山的一角。

多巴胺給予我們創造的力量，讓我們能想像現實以外的世界，將看似無關的事物連結在一起，也讓我們在看過世界以後能在內心打造模型，超越表象的描繪、超越感官的印象，藉由我們的經歷揭示出更深層的意義。最後，多巴胺會像打翻積木城堡的孩子一樣，摧毀自己建造的模型，讓我們重新從原本習以為常的事物中找到嶄新的意義。

但這份力量是有代價的。高度活躍的多巴胺系統雖然將創意賜予天才，卻也讓他們置身瘋狂的邊緣。有時候，虛幻的世界會衝破現實的障壁，創造出妄想、幻象以及狂熱，促使天才做出癲狂的行徑。此外，大量分泌的多巴胺也會沖垮大腦應對此處當下的能力，讓人無法建立人際關係，也無法駕馭現實世界。

對某些人來說，這並不重要。對藝術家、科學家、先知和企業家來說，創造的喜悅或許就是他們所知最激烈的快感。無論他們走上了什麼道路，都不會停止工作。因為他們最大的熱情就是創造、發現，以及追尋更高的境界。為了這些美好的事物，他們不知休息，不會止歇。然而，他們一心想打造的，卻是永遠不會到來的未來。一旦遙遠的未來成為了此處當下，就需要靠其他「多愁善感」的化學物質才能應對，但高多巴胺人卻渴望避開這種感覺。因此，他們雖然善於服務大眾，但無論獲得多少財富功名，他們都很難快樂起來，因為他們的字典裡面沒有「滿足」。這些天選之人會誕生，是因為我們的物種渴望在演化中生存下來，人類的本能驅使著他們犧牲自己的幸福快樂，為整個世界帶來創意與發明，使眾人的生活更為美好。

衝浪、沙灘、精神病

六〇年代美國天團「海灘男孩」的團長布萊恩·威爾森（Brian Wilson）是史上最超越時代的流行音樂人之一。他剛出道時做的音樂看起來都很單純，只不過是一些關於車子、辣妹和衝浪的輕快歌曲。但隨著才華成熟，他開始進行各種顛覆性的聲音實驗——這些音樂還是很好聽，但是卻愈來愈複雜，變成無數和聲的層層堆疊。他開始以作曲家、編曲家，[7]和製作人的身分，為整個流行音樂界帶來各種前所未見的聲音和組合方式，也為既有形式帶來了各種變化，像是新奇的普通和弦編排、用離奇的音調組成和弦，或是開頭工整結尾卻出人意表的和弦進程。他還利用了古鋼琴、特雷門琴等原本幾乎只用來製造恐怖電影音效的罕見樂

7 譯註：在流行音樂中，作曲（composer）負責歌唱部分的旋律，而編曲（arranger）則是安排整首歌的架構、風格、節奏、樂器調度等等。

器，甚至是火車汽笛、腳踏車鈴、山羊叫聲等根本不算樂器的工具。這些實驗的大成便是一九六六年的專輯《寵物之聲》（*Pet Sounds*），裡頭收錄了許多前所未有的樂聲，一發行就立刻廣受好評。如果說巴布・狄倫是讓流行樂和搖滾樂的歌詞從順口溜昇華為詩詞，布萊恩・威爾森就是徹底拓展了音樂的可能性，從原本簡單的三和弦和主副歌結構，走向海灘男孩公關戴瑞克・泰勒（Derek Taylor）所謂的「口袋裡的交響曲」。

從這種不斷連結看似無關事物的創造力，可以看出威爾森應該也有高多巴胺引起的低潛在抑制症，而他的精神疾病也可能是高多巴胺造成的結果。二〇一二年，他的妻子梅琳達・萊德貝特（Melinda Ledbetter）告訴《時人》（*People*）雜誌：「他有幻聽。我可以從他的表情知道，他聽到的是好聲音還是壞聲音。雖然我們大概很難理解這種感覺，但對他來說，這些聲音非常真實。」威爾森很早就被檢查出患有思覺失調，後來又確診為情感性思覺失調症（Schizoaffective disorder），這種病症除了典型的幻覺與妄想等症狀外，還會合併情緒異常。二〇〇六年，他告訴《能力》（*Ability*）雜誌，他二十五歲那年服用了一次迷幻藥，一週過後就開始聽到奇異的聲音：「四十年來，這些聲音一直留在我腦袋裡，從不間斷，不管怎樣都無法擺脫。每隔幾分鐘，它們就會貶低和辱罵我……我相信它們這麼做是因為嫉妒。對，我腦中的聲音在嫉妒我。」

和一般認知不同的是，不治療精神疾病對創意並無幫助，只會帶來痛苦和妨礙。根據威爾森的經驗，控制症狀的治療方法並沒有大幅減少他的創造力。「有很長一段日子，我根本做不了任何事，但現在我每天都可以玩音樂。」

第五章 政治

保守派：這些政治人物傾心於現在掌權的惡魔，自由派則期望能有別的惡魔取而代之。

——安布羅斯．比爾斯（Ambrose Bierce），《惡魔辭典》

我們為什麼無法好好相處。

超級強權和洗手液如何影響我們的政治意識形態。

一份被撤銷的研究

二〇〇二年四月《美國政治學期刊》（*American Journal of Political Science*）刊登了一篇研究報告，叫做〈相關而非因果：人格特質和政治意識形態之間的關聯〉（Correlation not Causation: The Relationship Between Personality Traits and Political Ideologies）。作者是一群維吉尼亞聯邦大學的研究員，他們探索了政治信念和人格特質間的關係，發現兩者確實有關聯，而且這種關聯的來源可以追溯到基因。在研究過程中，他們注意到有些人格特質和自由派相關，另一些則和保守派相關。

他們最感興趣的是一組代號為「P」的人格特質——精神醫學界將這種這類組合稱為**人格星座**（personality constellation）。文章作者們注意到「P」得分較低的人通常「比較利他主義、善於社交、富同理心且因循傳統」；相反地，「P」得分較高的人更「精於操弄、意志堅強、講究實際」，並展現出「追求風險和感官刺激、衝動及威權主義」等性格。因此他們預測：「因此，我們認為『P』得分愈高的人在政治上也愈傾向保守派。」

而研究結果也和預期一致。研究團隊表示，和人們的刻板印象一樣：保守派比較衝動、威權，而自由派更為慷慨、擅長交際。不過在科學的世界裡，研究結果和預期一致往往是危險信號。這份研究發表十四年後，《美國政治學期刊》在二〇一六年一月刊登了一份撤銷聲明：

〈相關而非因果：人格特質和政治意識形態之間的關聯〉的研究團隊發現原本發表的結果有誤。正確的解讀方式和文章內容完全顛倒。

這下子標籤翻轉了。正確的解讀和原本的研究報告正好相反。研究中「精於操弄、意志堅強、講究實際」的應該是自由派，而非保守派。「利他主義、善於社交、富同理心且因循傳統」則是保守派而非自由派的特徵。這個翻轉讓很多人感到意外，不過如果回到基礎來審視這份研究的發現，並考量這些特質和多巴胺的關聯，修正後的結果就很合理，而且比原本廣為流傳但徹底錯誤的結論更加合理。

人格測驗的局限

數十年來，心理學家一直在研究將人格數值化的方法。他們發現人格可以區分成幾個不同的面向，比如一個人對新的經驗有多開放、自律性有多強等。美國的心理學家選擇將人格區分成五個面向，英國則選擇分成三個。但無論如何，如果科學家只專注於其中一個面向，就等於是只衡量了人格的一部分，而非整個人。比如說，如果我們只看到兩個護理師的同情心得分都很高，可能會以為兩個人個性很像。但人格還有其他不同面向。其中一個護理師可能比較外向而情緒化，另一個比較內向自制。儘管大部分護理師的性格都有一些共通點，但這個族群仍是由許多獨特個人組成的。

人格測驗的另一個局限在於，科學家提出的結果通常是一個族群的平均值。所以當研究顯示自由派比保守派更願意冒險，就會忽略掉自由派裡也有一些偏好尋求安穩的人。人格測驗可以協助我們預測某個族群的行為，但在預測個人的行為時就比較無力。

展望美好未來的進步派

這份研究經過修正後整理出來的自由派特質，包括追求風險和感官刺激、衝動及威權主義等特質，都是多巴胺較高的特徵。[1]不過多巴胺分泌較多的人真的會傾向支持自由派政策嗎？答案是很有可能。自由派常常喜歡自稱為**進步派**（progressive），意思是他們總是在追求進步，也就是樂於接受改變。多數自由派都認為未來會變得更好，有些甚至相信只要正確結合科技和公共政策，就能徹底解決飢餓、無知、戰爭等人間不幸的根本問題。他們是一群理想主義者，像支筆直向前的箭頭一樣，用多巴胺描繪著遠比當今世界更好的未來。

相反地，**保守派**這個詞則意味著保護、持守先人所留下的美好遺產。一般來說，保守派都對改變懷抱質疑，他們不喜歡有專家以文明和進步的名義告訴他們該做什麼，就算照做對他們最好也一樣，他們甚至會排斥要求騎車戴安全帽，或是鼓勵健康飲食的法規。保守派不信任進步派的理想主義，批評他們只是徒勞無功地試圖建立烏托邦，而這種努力往往更容易導致集權統治，讓菁英集團支配公領域和私領域的每個角落。如果說進步主義是勇往直前的箭頭，那保守主義就是個滴水不漏的圓圈。

《紐約時報》雜誌的前任政治線首席記者馬特．貝伊（Matt Bai）就曾在文章裡不經意地暗示過，左派和右派的多巴胺分泌量明顯有差：「民主黨要勝利，就要體現現代化的精神。自由派要獲勝，就必須力圖改革政府，而非僅是維持它的運作……美國不需要民主黨為懷舊和復古主義站臺，因為那是共和黨的職責。」

如果更仔細觀察特定的族群，就可以更清楚看到多巴胺和自由主義的關聯。高多巴胺的人通常更有創意，也更擅長處理抽象概念。他們喜歡追求新奇的事物，而且普遍難以滿足於現狀。那麼，有沒有證據可以證明，這樣的人在政治上更傾向於自由派呢？矽谷的新創公司正是這類人的集中地，這些人有創意、有理想，而且專精於工程、數學、設計等抽象領域。他們個性叛逆、求新求變，甚至常瀕臨破產邊緣。這些矽谷創業家和他們的員工都有明顯的高多巴胺傾向：意志堅強、追求風險和感官刺激，而且講究實際——這些都是《美國政治學

1 事實上，倫敦精神病學研究所（Institute of Psychiatry in London）有一群科學家發現，相較於「P」特質得分較低的人，得分高的人大腦中的多巴胺受體更為密集。受體密集堆積在一起會讓多巴胺信號更強，導致獨特的人格特徵的出現。而知道「P」特質代表什麼以後，這種關聯也就不讓人意外了：「P」是心理病態傾向（Psychoticism）的縮寫，得分高代表受試者更有可能得到思覺失調症。這不代表所有自由派都是精神病高風險群，但很多自由派都和高創意者有不少共通點，而高創意者又更容易跨入精神病的世界。

期刊》那篇文章在修正後所歸納出的自由派特徵。

那麼，矽谷人實際的政治傾向又如何呢？一份針對新創企業創辦人的調查指出，他們有百分之八十三都對教育抱持典型的進步派觀點，認為教育可以解決社會上絕大多數的問題；而一般大眾只有百分之四十四的人相信這件事。創業家也比一般大眾更相信政府應該鼓勵人們做出明智的抉擇。八成的創業家相信長期而言，幾乎所有改變都是好的。另外在二〇一二年的總統大選期間，頂尖科技公司員工的政治捐款有超過百分之八十都是捐給民主黨的歐巴馬。

從好萊塢到哈佛

多巴胺和自由主義有關的另一個例子是娛樂產業。好萊塢可以說是美國的創意聖地，同時也是多巴胺過剩的典範，全美國最知名的人物都聚集此地，狂熱地追求更多的金錢、毒品、性和任何當下最新潮的事物。這群人非常容易感到無聊。根據英國智庫婚姻基金會（Marriage Foundation）的一份研究，好萊塢名流的離婚率幾乎是一般大眾的兩倍，而且在激情之愛轉變成伴侶之愛的第一年裡，這個狀況更為嚴重：名流在新婚期間離婚的機率大約是一般人的六倍。

很多演員會遇到的問題，本質上都是高多巴胺人格的特徵。二〇一六年有份研究分析了澳洲的演員，發現儘管「演員生活可以帶來個人成長感和使命感」，但他們也非常容易罹患心理疾病。經過醫生診斷，這些演員的關鍵症狀包括「自律問題、對周遭環境缺乏掌控力、人際關係複雜和嚴重的自我批判」，都是高多巴胺者最常遭遇，也最難跨越的挑戰。

在政治上，好萊塢也是自由派觀點的天下。根據CNN報導，好萊塢名人捐給歐巴馬爭取連任的政治獻金大約有八十萬美金，而捐給共和黨候選人羅姆尼的只有七萬六千美金。經營政治金流監督網站 Opensecrets.org 的響應性政治中心（Center for Responsive Politics）也指出，在二〇一二年大選期間，美國七大媒體公司員工捐給民主黨的金額，是捐給共和黨的六倍之多。

接著來看看另一座多巴胺的聖殿——學術界。學者們常被譏笑是活在象牙塔裡（我猜相對的形象應該是低矮的茅草屋吧），因為他們將生活奉獻給無形的、抽象的概念世界，這些人大部分也都是自由派。老實說在學術界，保守派可能比共產主義者更罕見。《紐約時報》

的一篇投書指出，講英語的教授裡大約只有百分之二支持共和黨，而自認為馬克思主義者的社會科學家則多達百分之十八。

在大學校園裡，自由派教義也實行得比其他地方都還要徹底。喜劇演員克里斯・洛克（Chris Rock）曾告訴《大西洋》雜誌的記者，他絕對不想去大學校園表演，因為任何一點違反自由派意識形態的言論都會讓那裡的聽眾感到冒犯。另一位喜劇演員傑里・賽菲爾（Jerry Seinfeld）也在廣播節目的採訪中提到，每個喜劇演員都警告他不要接近大學校園：「那些傢伙太『政治正確』了。」

自由派比較聰明嗎？

在學術界工作的人通常智商比較高，那政治傾向自由派、腦內的多巴胺系統比較活躍的人，智商是不是也比較高呢？很有可能。智商測驗的基本概念，就是測驗一個人思考抽象概念的能力，而這種能力正來自多巴胺控制迴路。為了瞭解自由派跟保守派的智力有沒有差異，倫敦政治經濟學院的科學家金澤智（Satoshi Kanazawa）找了一群高中時做過智商測驗的成年男女，並調查他們的政治意識形態，結果非常明顯：自稱「極端自由派」的人，平均智商比自稱「自由派」的人更高；自由派的智商又比「中間路線」的人高；然後「中間路線」的智商又高於「保守派」的人，最低的則是自稱「極端保守派」的人。人類的平均智商是一百分，極端自由派的智商是一〇六，而極端保守派則是九十五。

宗教信仰和智商也有類似的關聯，但相似度沒那麼高。無神論者的平均智商為一〇三，而自認信仰非常虔誠的人平均智商只有九十三。不過這裡要強調兩點：首先，這些數字都只是平均值，只要群體夠大，就一定會有聰明的保守派跟愚笨的自由派。此外，這些數字的差異不大，「正常」的智商範圍是九十到一〇九，「高智商」是一一〇以上，「天才」則是一四〇以上；相比之下，不同族群的智商差異實在不大。

除了智商以外，能在環境變化時見招拆招的**心理彈性**（mental flexibility）也是衡量智力的要件之一。紐約大學的研究團隊想到了一個實驗來測試心理彈性：他們要求受試者一看到W就按下按鈕，但看到M時不要按下按鈕，字母會不斷連續出現，受試者只有半秒鐘的時間決定要不要按鈕，而且研究人員有時還會突然改變規則，要求受試者在看到M的時候按鈕，看到W的時候別按。

結果發現，保守派比自由派更容易犯錯，尤其是在連續根據字母按下好幾次按鈕之後，突然碰到一個不能按鈕的字母，保守派就特別容易誤按。也就是說保守派在遇到改變時會更難調整自己的行為。

為了進一步了解背後機制，科學家又在受試者的頭上貼了電極，觀測他們在測試期間的大腦活動。結果發現，在「該按下按鈕」的字母出現的時候，自由派跟保守派大腦活動沒有什麼差別。但當「不要按鈕」的字母出現時，自由派受試者負責偵錯的腦區（包括掌管預期、注意力、動機的腦區）會活化起來，保守派卻沒有。總之，環境發生變化時，自由派更能夠快速啟動神經迴路，做出隨機應變。

智力是什麼？

智力有很多種定義。大多數專家都同意，智商測驗並不是在測整體智力（general intelligence），而是在測量人們從不完整的資料中歸納出規則，然後藉此找出新資訊的能力。換句話說，智商測驗測量的，是我們根據過去經驗建立模型，藉此預測未來的能力。而控制多巴胺的能力對此相當重要。

但除此之外，智力還有其他意義，例如能在日常生活做出正確決策，也算是一種智力，而在這種智力中，情緒能力（也就是掌握此處當下的能力）才是重點。著有《笛卡兒的錯誤：情緒、理性與人腦》（*Descartes' Error: Emotion, Reason, and the Human Brain*）一書的南加大神經科學家安東尼歐·達馬吉歐（Antonio Damasio）指出，大部分的決策都不能只靠理性，因為我們通常無法獲得夠多資訊，再不然就是資訊通常多到大腦無法處理。例如該上哪間大學？該用什麼方式向對方道歉？該不該跟某人交朋友？廚房要漆成什麼顏色？要不要跟眼前的男人結婚？以及當下應該直抒己見還是保持沉默？這些全都無法光靠理性來決定。

光靠超強的抽象智力，絕大多數時候都無法做出最好的決定，通常我們還得觀照自己的情緒，並巧妙地處理情緒。大家一定都聽過很多科學天才或才華洋溢的作家，在現實生活中因為欠缺「常識」，也就是無法做出明智決定，搞得像兒童一樣無助。

有關情緒能力對決策的影響，目前還不像理性對決策的影響一樣，有那麼透徹的研究。但我們還是可以合理推測，比較能處理情緒的人，的確更可能做出明智的決策。畢竟智商測驗分數高，只代表你的學業可能比較好；但你的人生過得幸不幸福，主要卻取決於你處理情緒的能力好不好。

群體傾向與個案的差異

科學家的研究對象通常是一整群人。他們會測量感興趣的特質，然後計算平均值，接著將平均值和所謂的「控制組」對照。他們可能是一群普通人、健康的人，或是整體大眾。舉例來說，科學家可能會用人口研究，檢視吸菸者的罹癌率是否比其他人更高，或是透過基因研究來檢視，當一群人擁有能強化多巴胺系統運作的基因，平均來說是否會比沒有這種基因的人更具創造力。

這種研究方式的問題在於，當我們討論的是一大群人的平均值，就會出現一些例外，有時甚至會出現很多例外。比如很多人應該都認識那種活到九十幾歲的老菸槍，而高多巴胺的人也不是每個都很有創意。

人類的行為受到很多因素影響，最普遍的因素包括數十個不同基因之間的交互作用、成長的家庭環境，還有小時候是否有人鼓勵他們發揮創意。特定的一組基因影響非常稀微。因此，雖然這些研究能協助我們了解大腦如何運作，但如果想靠它們預測群體中某一個個體的行為，效果大概不會很好；說得更簡單一點就是，別人就算觀察你所屬的群體，也不太可能了解你這個人。仔細想想，這似乎是理所當然的。

受體基因，以及自由派與保守派的嫌隙

保守派面對的困難很有可能是來自DNA差異，而且說實話，人們大部分的政治態度很可能都有受到基因的影響。除了前面提到那篇《美國政治學期刊》上的論文外，許多研究都指出，高多巴胺人格和自由派意識形態之間的關聯很可能是基因所造成的。聖地牙哥加州大學的研究人員曾研究過一條負責編碼多巴胺受體的基因——D4——。就和大部分的基因一樣，這條基因也有好幾種型態，其中差異最小的稱做**等位基因**（allele）。不同的等位基因結合在一起，再加上成長背景，就決定了每個人大部分的性格。

Ｄ４基因的其中一個型態叫做７Ｒ，擁有這個等位基因的人傾向於追求新鮮感，難以忍受千篇一律的事物，總是在追求新奇或罕見的經驗。他們往往較為衝動、熱衷探索、善變、容易興奮、急躁、奢侈浪費。如果沒有這種等位基因，人們就比較不會追求新鮮感，個性也會比較內省、呆板、忠誠、溫和、節約少欲。

研究人員還發現，擁有７Ｒ等位基因的人也傾向認同自由派意識形態。只不過除了基因之外還得加上社會因素，在成長過程中認識夠多政治看法各異的人，這種關聯才會成立。而且這種關聯並不只出現在西方社會，一份針對新加坡華人大學生的調查同樣指出，擁有７Ｒ等位基因的人比較相信自由派的意識形態。

慈善活動與福利政策

雖然平均來說，保守派比較欠缺多巴胺帶來的酷炫才華，但他們面對此處當下的系統往往也更為有力。這讓他們更有同理心、更利他主義、更願意參與慈善活動，也更容易建立長期、單一對象的關係。

另一方面，《慈善紀事報》（*The Chronicle of Philanthropy*）曾根據美國國家稅務局的資料和二〇一二年大選的投票情形，研究各州的慈善捐款，發現左派對慈善活動明顯較不關心。[2]

研究指出，捐出最多收入的人都住在羅姆尼勝選的州分，而捐最少的人都是住在歐巴馬勝選的州分。事實上，在慈善捐款比例超過百分之一的十六個州，全部都是由羅姆尼贏得選舉人票。如果放在城市的尺度細看，則會發現像舊金山、波士頓等自由派城市都排在最後面，最大方的則是鹽湖城、伯明罕、孟菲斯、納許維爾和亞特蘭大等中西部城市。而且這種差異跟收入無關，保守派不分貧富都比自由派更樂於捐款。

然而，捐款並不代表保守派比自由派更在乎窮人，反而就像愛因斯坦說的一樣，比起關懷個人，自由派更傾向投入人道主義活動。他們普遍支持立法提供窮人更多協助。相較於慈

2 這份資料有一些缺陷。它用的數據來自納稅申報，真實性仰賴納稅人列出的細項；且需要逐項列出支出的納稅人只占了全體的百分之三十五，其中大多數都是有錢人。此外，只有大約三分之一的慈善捐款是捐給窮人的。根據 Giving USA 二〇一一年的一份報告，有百分之三十二的捐款是捐給宗教組織，百分之二十九捐給教育機構、私人基金會、藝術、文化和環境慈善機構。儘管有這些缺點，該報告仍勾勒出了有趣的概況，讓我們知道哪些人最有可能捐錢給別人。

善捐款，立法比較不需要直接插手就能解決貧窮問題。這也反映了我們在本書中一直看到的焦點差異：多巴胺迴路活躍的人偏愛保持距離和負責規畫，而「當下分子」活躍的人則傾向專注於觸手可及的事物。而在貧困問題上，政府就扮演了自由派同情心的代理人，充當施予和接受善意者之間的媒介，統籌數百萬納稅人的稅金，再由行政官僚將資源提供給窮人。

那麼，政策和慈善有哪個比較好嗎？這就是觀點的問題了。高多巴胺者偏好的政策手段確實最能有效將資源分配給窮人，而極大化資源利用效率本來就是多巴胺的拿手好戲。二〇一二年，美國聯邦政府、州政府和各地方政府總共花了一兆美金對抗貧窮，平均下來每個窮人大約會分配到兩萬美金。而同一年全美國的慈善捐款總計只有三千六百億。從金額來看，高多巴胺者的方法幾乎好了三倍。

然而，我們不能光從金額來判斷協助的價值，發生在此處當下的情感影響力同樣重要；而說到這點，面目模糊的政府援助就不如教會和慈善團體創造的人際連結了。而且慈善活動也比法律有彈性，不是只根據抽象定義去幫助弱勢族群，而是認真關注每個人的獨特需求。為私人慈善機構工作的人往往會跟他們幫助的對象建立緊密的互動，而且這些互動大多是面對面的。建立緊密關係能讓他們更深入自己協助的對象，提供更符合對方需要的協助，還有情感上的支持，而情感支持又能增強物質援助的效果，好比說協助身體健康的窮人找到工作，就是慈善活動的長處之一。不過慈善活動最常見也最根本的幫助，應該是讓缺乏資源的人感受到有人真心關懷他們。許多慈善團體都強調，責任心和良善的品格才是對抗貧困最重要的力量。他們的方法也許不適用於所有人，但對某些人來說，慈善活動給予他們的幫助，確實比政府提供的福利深刻多了。

俗話說「施比受更有福」，為他人的快樂付出會帶來情感上的滿足，很多時候都比自己努力追尋更容易找到快樂。長久以來，人們也認為利他行為可以促進身心健康，讓人活得更久；近來也有證據指出，幫助他人可以延緩細胞老化。凱斯西儲大學（Case Western Reserve University）的研究團隊認為，這些好處可能是因為當人們從事利他行為，會覺得自己「和社會交融得更深更順利，放下一些個人的問題，不再因為執念而焦慮，並產生更高層次的人生意義與使命感，生活態度也變得更為積極」。這些好處都是繳稅得不到的。

如果政策可以讓窮人得到更多資源，而慈善可以提供額外的幫助，難道沒有兩全其美之計嗎？由於多巴胺和其他「當下分子」原則上是對立的，兩者的關係就像魚與熊掌一樣。支持政府援助的人通常不太願意從事慈善，而重視人際來往的人也不太可能信任高多巴胺者的解決方案。

從一九七二年開始，芝加哥大學的社會概況調查（General Social Survey）就一直在追蹤美國社會的趨勢、民意與行為，其中有一部分是關於對收入不平等的態度。調查顯示，強烈反對政府分配資源的人遠比強烈支持的人更願意捐款：前者平均每年捐出一千六百七十二美金，後者只有一百四十美金，足足差了十倍。而且，相較於支持政府增加社會福利支出的人，那些認為政府花太多錢在社會福利上的人也比較常幫助迷路的人、歸還店員多找的零錢，或是提供食物和金錢給無家者。雖然幾乎每個人都願意幫助窮人，但多巴胺和「當下分子」的高低，卻會決定每個人如何提供幫助。高多巴胺者會希望窮人得到更多幫助，而關注此處當下的人則希望用面對面的方式幫助他人。

重視婚姻的保守派

由於偏好近距離的人際來往，保守派不但更願意親自動手幫助窮人，也更容易建立長期、一對一的親密關係。根據《紐約時報》的報導，「只要曾在親民主黨的藍色州度過童年，長大後進入婚姻的機率就會比其他地方的人低百分之十左右。這點在紐約、舊金山、芝加哥、波士頓、華盛頓等自由派大本營尤為明顯。」而且就算結婚了，自由派也更容易出軌。

除了慈善活動以外，社會概況調查也有追蹤美國人的性行為。從一九九一年開始，問卷中就加入了這個問題：「您在婚後是否曾與丈夫或妻子以外的人發生性行為？」前面提到那位研究過意識形態和智力關聯的金澤博士也曾利用這份資料，分析過哪些人最容易偷吃。他發現自認為保守派的人大概有百分之十四曾瞞著配偶和別人上床，而自認非常保守派的人稍低一點，只有百分之十三。自由派這邊則有百分之二十四承認自己曾經外遇，而自認非常自由派的人更有多達百分之二十六曾有過婚外情。就算把男女的數據分開，同樣的趨勢依然不變。

保守派也比自由派更少做愛，這或許是因為保守派比較容易進入陪伴關係，而在陪伴關係中，主導性慾的睪固酮會受到催產素和血管加壓素抑制。不過他們雖然比較少做愛，卻比較容易雙方都達到高潮。賓漢頓大學（University of Binghamton）的演化研究所（Institute for Evolutionary Studies）曾設計過一份名為〈美國單身人士〉（Singles in America）的研究，研究人員在訪問五千名成年人以後發現，保守派比自由派更容易在做愛時高潮。

約會網站Match.com的首席科學顧問海倫．費雪認為，這或許是因為保守派比較容易放下控制欲，如果不放下控制欲，就沒辦法達到高潮。她認為放下控制欲的人擁有更清晰的價值觀，讓他們更容易放鬆。不過這個解釋還要先證明清晰的價值觀和停止壓抑性高潮有關，實在有點太迂迴了，根據我們已知的神經生物學，整件事其實沒那麼複雜。放下控制欲是高潮前的第一步，而人們通常要在充滿信任的關係中，才容易放下控制欲。比起因為多巴胺而不斷追求新鮮感的自由派，追求穩定、專注此處當下的保守派更容易建立起這種關係。此外，要享受性愛的官能刺激，也需要壓抑多巴胺迴路，專注於此處當下，讓腦內啡和內源大麻素等物質發揮作用。「當下分子」迴路愈強的人，就愈容易做到這件事。

另一個約會網站OkCupid也做過性行為調查，並發現關於性高潮的意義這點有個很弔詭的結果。他們問使用者：「高潮在性愛中是否重要？」並根據政治立場和職業類別將資料分類，而回答最多「不」的，竟然是自由派居多的作家、藝術家和音樂家。

對他們這些高多巴胺者來說，性行為最重要的部分很可能不是做愛本身，而是在這之前發生的事。對他們來說，性的意義是征服，而當幻想中的物件變成活生生的人站在面前，當盼望變成了擁有，多巴胺的作用就停止了。興奮感消失，性高潮也變成反高潮。

那麼，這兩種人是誰比較快樂呢？答案不出所料，「當下分子」較高的保守派，比多巴胺較高的自由派來得快樂多了。二〇〇五到二〇〇七年的蓋洛普民意調查（Gallup poll）發現，有多達百分之六十六的共和黨人「非常滿意自己的生活」，同樣的人在民主黨人裡只有百分之五十三。百分之六十一的共和黨人說自己非常幸福，有相同感受的民主黨人卻不到一半。同樣地，已婚人士普遍比單身人士快樂，上教堂的人也比不上教堂的人快樂。

不過這世界也沒這麼單純。雖然保守派普遍更滿意婚姻、更容易高潮、更少出軌，但共和黨占優勢的紅色州的離婚率也比民主黨占優勢的藍色州要高，當地人花在色情媒體上的錢也更多。這些現象乍看之下有點不合理，但或許可以從他們生活的環境太強調宗教規範來解釋。紅色州的夫妻往往面臨盡快結婚的壓力、比較少婚前同居，甚至沒有婚前性行為。因此平均來說，這些夫妻在婚前比較沒有機會了解彼此，也讓他們的婚姻不那麼穩固，少了婚前性行為也讓他們更容易依靠色情媒體來宣洩性慾。

嬉皮與福音派信徒

不過政治並沒有那麼單純，政黨裡更是充滿了形形色色，甚至價值觀互相矛盾的人。比如共和黨人雖然有很多人提倡小政府，相信人民不該受到政府的法律和規章控制，才能保有自由選擇的空間。但也有些熱衷政治的福音派信徒認為應該以法律途徑制訂合乎道德的生活，整個國家才會變得更好。不過既然這些人對崇敬上帝如此重視，又醉心於仁慈、公義等抽象概念，會用這種高多巴胺的方式面對政治生活，也不怎麼令人意外。畢竟道德進步和死後的生活，都是未來的事情；從這個角度來看，他們可以說是右翼的進步派。

而左翼也不乏重視永續生活、對科技抱持疑慮的嬉皮。這些人渴望和大地母親有更深的連結、崇尚此處當下的體驗，而非追逐手中沒有的事物。換句話說，他們是左翼的保守派，他們不喜歡進步派的箭頭，而是偏愛保守派的圓圈。

這種複雜性提醒我們，在研究社會趨勢的時候必須小心謹慎，保持開闊的心胸。當年《美國政治學期刊》那篇有關政治立場和人格的研究雖然完全寫反了，但錯誤的資料詮釋依然普遍為人所接受。更何況，沒有任何資料能夠完美無缺，廣發給好幾千人的問卷又一定會比受到密切監督的臨床實驗出現更多錯誤。因為受訪者如果沒有誠實回答，問卷就不會有效。保守派也許只是比自由派更不願意承認出軌和生活中的不如意，但這種可能性就會影響到〈社會概況調查〉的可信度。

另一個問題則是科學研究有可能前後矛盾。有些政治領域的神經科學研究會出現「邪惡雙胞胎」，也就是明明問的是同一個問題，卻得到完全相反的結果。話雖如此，絕大多數的研究資料還是顯示，抱持進步派意識形態的人多巴胺系統比較強，而保守派更善於應對此處當下的經歷。

整體而言，自由派比較傾向放眼未來，注重理智和創意，雖然聰明但也更善變、更難感到滿足。相反地，保守派比較善於處理情緒、重視穩定與信賴，雖然傾向因循慣例、比較看輕智識，但他們也比較快樂。

政客喜歡不理性的選民

極端的保守派和自由派在投票時都會自動歸隊，但其他選民的意識形態就沒有這麼堅定了。這些選民的思考比較獨立，願意考量不同的政治說詞，因此能否影響這群人的意向，就成了勝選的關鍵；從神經科學的角度，我們或許能窺見什麼是最好的政治說服術。

說服術和神經科學的交集之處，就是決策與行動發生的地方，也就是我們衡量選項，決定怎麼做對將來最有力的多巴胺欲望迴路與控制迴路。不管在雜貨店挑洗衣精還是為候選人拉票，顯然都是多巴胺控制迴路的工作，是它在背後問：**怎麼做對我們的未來最好？**但是要說服一個人的控制迴路，必須先克服對方腦中自然出現的反駁，而且只靠一張保險桿貼紙或一檔三十秒的電視廣告幾乎不可能成功。老實說，如果單從收益的角度來看，說服控制迴路根本不值得。

理性決策機制很脆弱，而且一旦有新的證據出現，控制迴路就會修正決策。但不理性的決定就堅定多了，而且無論從多巴胺欲望迴路還是「當下分子」系統下手，都可以引導人類做出不理性的決策，其中最有效工具就屬恐懼、欲望和同情心。

在這三樣工具裡，效果最好的應該是恐懼，所以抹黑競選對手、強調對方有多危險的攻擊性廣告才這麼常見。因為恐懼直指著我們內心最在乎的事：**我能活下去嗎？我的孩子安全嗎？我能保住工作、賺錢養活自己嗎？**訴諸恐懼可說是政治宣傳不可或缺的元素。只可惜這麼做的副作用，就是讓美國人彼此憎恨。

為何我們會娛樂至死？

一九八五年，媒體研究者尼爾．波茲曼（Neil Postman）出版了發人深省的《娛樂至死》（*Amusing Ourselves to Death*）一書，主張電視的崛起正在摧毀政治對話。確實，電視新聞也如他所料，逐漸走向娛樂化。他在書中引用了新聞主播羅伯．麥克尼爾（Robert MacNeil）的話：「他認為重點是『讓一切保持輕薄快速，不要試圖套牢任何人的注意力，只需不斷給予多樣、新奇、充滿動作和運動感的刺激。讓觀眾……的注意力不會在任何概念、任何人物、任何問題上停留太久。』」而這就是大約三十年過後網路新聞的樣子。就算是形象最嚴肅的媒體，也得用好幾十個簡短、挑釁的標題填滿首頁。大多數連結裡都不會有太長、太完整的內容，而是簡短、輕快的影片。

波茲曼當時就斷言這會帶來深刻的負面影響，但他並沒有討論到為什麼我們明明是在討論國家必須面對的問題，卻還是醉心娛樂，對嚴肅的思想興趣缺缺？三十年後，這個問題依舊沒解決。傳播科技的發展潛力這麼大，為什麼網路新聞會和電視新聞一樣，鍾情於快速、新奇的內容，難以容納深刻的分析？世界大事難道不是更值得我們關注嗎？

答案就藏在多巴胺欲望迴路裡。簡短輕快的新聞能脫穎而出，是因為它特別醒目，能迅速打中多巴胺迴路的需求，抓住我們的注意力。所以我們會選擇點進那些農場文標題的貓咪賣萌影片，而不是有關健康醫療的詳實報導。儘管醫療新聞對我們的生活更為重要，但多巴胺快速分泌的愉悅真的太簡單粗暴了，根本沒有人會想去閱讀、理解那些長篇大論。控制迴路雖然會試著修正，但也完全擋不住新奇酷東西的洪流，而網路又是這些東西的超級水庫。

這會帶來什麼結果呢？反正不是長篇報導的文藝復興就對了。而且當速食新聞成為新聞業界的主流，就代表每篇文章都得比速食還要速食，才能保持競爭力。這樣的循環是沒有止境的，競爭到最後，就連文字也會失去意義。如今的手機幾乎都可以輸入表情符號，因為這種溝通新寵比文字更快速、更簡便、更粗暴，當然也更能博取目光。

波茲曼或許不理解這一切背後的神經科學，但他很清楚這種變化的影響：「如此一來，人們進入了一個『追求瑣碎』的全新資訊環境。顧名思義，這個新環境不斷利用各種事實當作娛樂的來源，還有新聞的來源。儘管歷史不斷告訴我們，文化可以抵擋虛假資訊和錯誤主張的侵襲，但如果我們開始只用一檔節目的時間來丈量世界，如果新聞對我們的價值只剩下引起多少笑聲，那我就真的不確定我們的文化能否繼續承受這些考驗了。」

愛有多濃就有多痛

訴諸恐懼會這麼有效，除了因為它能激起原始的需求外，也是因為人有**損失規避**（loss aversion）的心理。弄丟二十塊總是比得到二十塊更難受，所以只要賭注夠大，人們幾乎都會拒絕擲硬幣的賭局，甚至就算贏了可以拿到三十塊，也有不少人會拒絕。只有把賭贏的錢提高到四十塊，才能讓大部分的人都接受。

從數學來看，賭硬幣的獲勝機率應該是百分之五十，要是賭贏的錢比較多，那賭局的期望值就會是正數，應該要接受賭局才對。（不過請記得，這個原則只適用於你賭得起的時候。畢竟賭一張電影票的錢還算合理，但如果要賭上下個月房租就不太恰當了。）然而絕大多數的人都會拒絕花二十塊錢贏三十塊的好機會，這是為什麼？科學家曾掃描過人們在賭硬幣時的腦部活動，當然，他們第一個看的就是多巴胺，結果一如他們所料，欲望迴路在贏的時候會活躍，輸的時候會消退。不過兩者的變化並不相等，多巴胺在賭輸時的消退程度，比賭贏時的活躍程度大多了。而既然多巴胺迴路的活動可以反映個人的主觀感受，我們就可以知道對人類來說，失去的影響遠比獲得的影響來得大。

這種差異是哪些神經路徑造成的？又是什麼因素強化了人對損失的反應？研究人員把目光轉向了一個和此處當下有關的腦區，也就是負責處理恐懼和其他負面情感的杏仁核。他們發現每當受試者賭輸了，杏仁核都會啟動，強化焦慮的感受，看來驅動損失規避的是情感系統。情感是人類應對此處當下的系統，這代表它不在乎未來，不在乎我們能得到什麼，只在乎我們現在擁有什麼。當我們擁有的事物遭受威脅，就會引起恐懼和焦慮的感受。

其他研究也發現了差不多的結果。比方說有個實驗會隨機選出一半的受試者，送他們一個馬克杯。把馬克杯發下去以後，研究人員會告訴受試者，他們有一個機會可以把馬克杯賣給其他人。擁有馬克杯的人要先設定一個售價，而沒有馬克杯的人也要設定一個買價。結果，前者設定的平均售價是五．七八美金，而後者開的平均買價則是二．二一美金。顯然賣方並不是很想讓出馬克杯，而買方也沒有很樂意掏錢，雙方都抗拒放棄手上擁有的東西。

杏仁核在損失規避中的角色至關重要，這點已經在一次自然實驗（experiment of nature）中得到了證實。所謂自然實驗是指觀察經歷過特定遭遇的目標，而這些遭遇往往會造成長久的負面影響，如果設計成對照實驗就會有道德問題——在心理學和腦科學的世界，這些遭遇往往代表著腦部損傷或心理創傷。我們不可能為了研究請外科醫生切除實驗對象的杏仁核，不過確實有些特殊的疾病或傷害會導致杏仁核受損，這些人就成了重要的觀察對象。在這場實驗中，科學家們研究了兩名罹患皮膚黏膜類脂沉積症（Urbach-Wiethe disease）的病人，這種罕見疾病會破壞大腦兩側的杏仁核。這兩人在賭局中對得失的反應程度完全相同，也就是說只要沒有杏仁核，損失規避就會消失。某種程度來說，損失規避就是一種簡單的算術：「獲得」意味著更好的未來，但是對此處當下沒有影響，所以多巴胺系統會給它一分，「當下分子」系統則不會給分；至於「失去」不但代表更糟的未來，也會影響到我們現在擁有的東西，所以多巴胺系統和「當下分子」系統都會各扣一分。一減二等於負一，跟我們在賭硬幣實驗中觀察到的結果一樣。

恐懼和欲望一樣牽涉到未來，所以兩者都會刺激多巴胺分泌；但失去的痛苦也會刺激「當下分子」系統，啟動杏仁核，影響我們對風險管理策略的判斷。

獲利還是保障？

雖然每個人都會規避損失，但不同族群還是有差異。整體來說，高多巴胺的自由派對有利可圖的訊息比較有反應，像是獲得更多資源的機會；而重視此處當下的保守派則喜歡聽到提高保障、讓他們更能保護現有事物的訊息。自由派通常會支持他們認為可以讓未來更好的計畫，像是教育補貼、都市規畫和政府資助科技發展；保守派則傾向支持保障現有生活方式的計畫，比如國防開銷、治安倡議和限制移民。

自由派和保守派對威脅和利益的看法都各有理由，並且認為自己是對證據深思熟慮後才根據理智得到這些結論。但事實或許並非如此，真正有影響的可能是他們大腦的運作存在根本差異。

內布拉斯加大學的研究人員找了一群政治信念各異的志願者，給他們看各種能引起欲望或不安的圖片，並觀察他們有多興奮（arousal）。雖然興奮一詞常常用在跟性有關的情境，不過很多時候也用來描述一個人有多投入周圍的事物。當一個人感到有興趣、投入周遭時，他的心跳會加快，血壓會升高，汗腺也會加速分泌。醫生把這稱做「交感神經反應」

（sympathetic response），而測量交感神經反應最常用的方法，就是把電極貼在身上，測量皮膚的導電性。由於汗水含有鹽分，肌膚在布滿汗水的時候自然會比乾爽的時候更容易導電。因此一個人愈興奮，電流就愈容易在他身上流動。

貼好電極後，受試者會看到三張令人不安的照片（分別是爬在臉上的蜘蛛、長蛆的傷口和被圍毆的人）以及三張讓人欣慰的照片（開心的兒童、一盤水果和可愛的兔子）。結果自由派對正面的畫面比較有反應，而保守派則對負面的畫面更有感覺。由於研究測量的是發汗這種無法控制的生理反應，雙方的差異背後顯然存在某種比理智更根本的影響因素。

於是，研究人員又用了眼動追蹤（eye-tracking）技術，並同時顯示所有正面與負面的照片，以判斷每個人分別花了多少時間去注視每一張照片。他們發現無論是自由派還是保守派，都在負面影像上花了比較久的時間，這和前面說的一樣，每個人都會想規避損失。不過保守派凝視可怕影像的時間還是比較長，而自由派的時間分配相對平均得多。也就是說，儘管雙方都有損失規避的行為，但保守派的規避舉動確實明顯多了。

讓人變得保守並不難

保守主義和威脅之間的關係是雙向的。保守派比自由派更在乎威脅，但兩種人在感受到威脅時，都會變得更保守。最為人熟知的例子，當然就是恐怖攻擊會提昇保守派候選人的支持度。然而就算是比較小，甚至小到我們根本不會意識到的威脅，也會讓人朝右派傾斜。

為了瞭解微小威脅和政治保守派之間的關係，研究人員找了一群大學生，要求他們填寫一份有關政治信念的問卷。其中一半的人座位旁會有一瓶乾洗手，提醒他們日常生活中的傳染病風險，而另一半的人則會被帶去其他地方。問卷顯示坐在乾洗手旁的學生在倫理、社會和財政議題上的答案都更傾向保守主義。而另一組學生如果被要求先用殺菌紙巾擦手，再用電腦作答的話，也會出現同樣的結果。值得注意的是，美國的選舉都是在流感季節舉行，而使用觸控螢幕投票又會傳播病菌，因此很多投票站都會提供乾洗手供選民消毒。

研究演化對人類行為影響的心理學家格蘭・威爾森（Glenn D. Wilson）教授曾開玩笑說在選舉期間，「開始工作前請務必洗手」的廁所告示牌，就是共和黨最好的競選廣告。

道德判斷的神經化學調節

藥物也能改變人的政治取向。只要給予特定的藥物增強血清素這種「當下分子」，就能讓人的行為變得更像保守派。有個實驗發現，受試者只要服用一劑舒憂（citalopram）這種常見的抗憂鬱藥物[3]，就會減少對正義等抽象概念的注意力，變得更在乎保護他人免於傷害。實驗人員設計了一場「最後通牒賽局」，將這個變化凸顯得一覽無遺。

「最後通牒賽局」中有兩名玩家，一人扮演提案者，一人扮演回應者；提案者會得到一筆錢（比如一百美金），並且需要和回應者分享。提案者可以任意提出兩人要怎麼分配這筆錢，只要回應者同意，雙方就可以保留這筆錢；但如果回應者不同意，雙方就什麼都得不到。賽局只會進行一次，每個玩家也只有一次表達意見的機會。

理性而言，回應者應該要接受任何提案。因為不管提案再爛，只要接受就起碼可以分到

---

3 一劑血清素抗憂鬱藥不足以影響整體情緒。必須每日服藥，持續數週才會看到療效。雖然第一劑就會讓腦中的血清素增加，但經過幾週的治療後，大腦才會適應並發生更複雜的變化，讓憂鬱症開始緩解。此時某些腦區的血清素系統會變得更活躍，另一些腦區反而會減少活動。不過目前還沒有人弄清楚抗憂鬱藥到底是怎麼改善情緒的。

一塊錢，但如果拒絕提案的話就完全拿不到錢。因此，無論分到的錢多還是少，接受提案都是最符合個人利益的做法。然而在現實中，回應者通常會拒絕太糟糕的提案，因為這些提案違背了我們對公平的期待。收到差勁的提案會讓我們想要造成一些財務損失來教訓提案者。平均來說，只要回應者分到的錢少於三成，就會興起教育提案者要會做人的念頭。

三成這個數字並不是定律。不同的人在不同的情境下都會做出不同的決定。劍橋和哈佛大學的研究人員發現，受試者在服用舒憂後，接受差勁提案的機率就會提高一倍。結合其他有關道德判斷和行為的實驗，研究人員認為服用舒憂會讓人更排斥用拒絕提案的方式報復提案者。他們還發現降低血清素的藥物會造成相反的效果，讓人更願意為了公平的大義去傷害對方。

研究團隊總結，血清素藥物會增強**傷害規避**的傾向。當血清素增加，人們在做道德判斷時會傾向放棄抽象目標，並且避免做出會傷害他人的行為；在「最後通牒賽局」中，就是放棄追求公平，拒絕剝奪提案者的錢。以有名的思想實驗「電車難題」來說，合乎邏輯的選擇應該是是殺一人救五人，但傷害規避傾向卻會讓人拒絕奪走一個人的性命來拯救其他人。藥物對決定的影響有個令人不安的名字：**道德判斷的神經化學調節**（neurochemical modulation of moral judgment）。

只要一劑舒憂，就能讓人更願意原諒不公平的行為，更不願意容許傷害他人的行為，而這些都是「當下分子」系統占優勢時會有的傾向。研究人員將此稱做**個人層面的利社會（prosocial）行為**，所謂「利社會」指的是幫助他人的意願。而拒絕不公平的提案，則被他們稱做**群體層面的利社會傾向**，這是因為懲罰提出不公平提案的人，會讓整個社群都獲益。後者的思考方式也和高多巴胺者的作風相符。

讓他們走還是讓他們留？

在有關移民的論戰中也可以看到這種個人和群體的對立。保守派傾向於著眼個人、家庭和國家等小群體，而自由派往往會放眼最大的群體，也就是全世界的所有男男女女。保守派關心個人權利，有些人甚至認為要蓋一堵圍牆擋住非法移民。自由派則相信每個人都彼此相連，有些人甚至會主張應該要徹底揚棄移民法。不過當移民實際出現在生活中，變得不只是遙遠、抽象的概念，而是生活在隔壁的真人時，又會發生什麼事呢？雖然這方面的大型研究比較欠缺，但許多軼事都告訴我們，和制訂政策時的多巴胺活動相比，直接互動帶來的當下體驗絕對會帶來不同的結果。

二〇一二年，《紐約時報》報導了一場名為「清理泉水」（Unoccupy Springs）的運動，這場運動發生在紐約的漢普頓，一個非常富裕的自由派城市。該運動的訴求是嚴懲違反當地居住法規、讓無親屬關係者入住同居的單戶住宅。他們認為這些新家庭隨時會壓垮學校和房價。此外，新罕布夏的達特茅斯學院（Dartmouth College）也有一份研究指出，相較於共和黨州，民主黨州的居住限制對低收入戶的限制往往更加嚴格，其中就包括了限制一戶裡居住的家庭人數，以減少市場上的廉價住宅。

哈佛經濟學家愛德華．格雷瑟（Edward Glaeser）和賓州大學的約瑟夫．久爾科（Joseph Gyourko）曾調查過城市規畫對住宅價格的影響。他們發現在美國大多數地區，買房子和蓋房子的成本都差不多，但加州和部分東岸城市卻是少數例外。在這些地區，規畫當局刻意大幅提高蓋新房的成本，因此新房子的價格大約會比市區老宅貴一半左右，使得新移民難以搬入新開發的住宅區。

這些阻礙貧窮移民的政策，讓我們想起了愛因斯坦那句話：「我對社會正義和社會責任充滿熱情，但奇怪的是，我明顯缺乏和人類直接來往的需求。」但保守派卻正好相反，他們雖然希望驅逐非法移民，以免自己賴以維生的文化徹底改變，但規避傷害的傾向卻讓他們更在乎合法住在國內的移民。

保守派雜誌《美國思想家》（*American Thinker*）上的作者威廉・蘇利文（William Sullivan）指出，儘管許多保守派的重要人物看起來像是反移民分子，但他們都不吝前往墨西哥邊境，協助教會組織提供熱食、飲水等救濟物資，還請連結車送了一整貨櫃的泰迪熊和足球過去。有些人批評這只是公關手法，但這基本上符合規避傷害者的人生觀：要保護身陷危難的個人，同時也要維持現狀。

自由派和保守派彼此相對又互補，都想幫助貧窮的移民，但同時也都不希望他們出現在身邊。

讓人走向自由派的方法

如果原本的生活文化受到威脅會讓人轉向保守派，那相反的情境會不會讓人傾向自由派呢？研究政治與宗教意識形態的潔米・納比爾（Jaime Napier）博士發現答案是肯定的，而且並不困難。就像之前提到的研究人員發現只要放瓶乾洗手在旁邊就能讓人變得保守一樣，納比爾也發現只需要一點想像訓練就能讓人倒向自由派。她請接受實驗的保守派人士想像自己擁有刀槍不入的超能力，結果測驗顯示他們立刻變得更自由派了。只要不再覺得自己隨時會受傷，就可以壓制掌管此處當下的系統，讓多巴胺發揮作用，使人更容易接受改變，不那麼恐懼失去。

但光靠想像為什麼就會有這種效果呢？這是因為想像和身體的感知無關，而這種事恰好是多巴胺的專長。不過，事情真的這麼簡單嗎？政治信念左傾真的是多巴胺系統造成的嗎？根據另一個獨立研究的結果，還真的是這樣。

多巴胺系統最主要的功能就是抽象思考，這種思考方式讓我們能超越感官，讓大腦從直接觀察事件的形成，變成思考和解釋為什麼這個事件會發生。如果我們把注意力放在感官所及的現實事件，那事情就很單純：事情就是這樣。這種思考方式著重於具體狀況，而這也是「當下分子」系統的功能，科學家稱之為**低層次思考**（low-level thinking），並將抽象思考稱為**高層次思考**（high-level thinking）。於是，有一群科學家想知道當習慣具象思考的人遇到文化差異極大、似乎會威脅到原本生活方式的群體，比如說同性戀、穆斯林或無神論者時，是不是會變得更有攻擊性？

受試者會拿到相同情境的兩種描述，並從中選出自己比較喜歡的那一份。以按門鈴來說，一份會是關於如何移動手指按下按鈕的具體描述，另一份則是按下門鈴同時想著對方在不在家的抽象描述。接著，研究人員會要他們回答自己對同性戀、穆斯林和無神論者的看法。實驗結果發現，如果一個人傾向具體思考，他對好感和溫情的思考層次通常也比較低。

接著，研究人員又試著檢視能否操縱受試者轉向抽象思考。這次的題目是關於健身，和潛在威脅完全無關。他們先詢問受試者對健身的看法，接著要求其中一半描述自己的健身方式（具體），另一半則描述自己為何覺得健身重要（抽象）。問卷顯示，描述健身方式不會影響受試者對健身的看法，但描述健身重要的理由卻會讓保守派受試者比之前更關懷陌生族群，只是仍不及自由派受試者的程度。

啟動多巴胺迴路能讓保守派更認同自由派，這並不讓人意外，但利用保守派原本就很強勢的腦迴路，也可以達到同樣的效果；當掌管此處當下，特別是跟同理心有關的的系統受到刺激，保守派也會變得比較自由派。也就是說，只要用對方法，就可以讓典型保守派更容易接受那些有可能帶來改變的族群。

前一段我們提到，保守派雖然主張驅逐非法移民，卻也樂意為他們提供食物、清水和玩具。這是因為保守派重視此處當下的感受，所以即便他們對想像中的移民充滿敵意，但只要和這群人實際來往，就會不由自主同理對方。雖然有些人認為這只是一種潛意識的衝動，但許多好萊塢作者都利用這個現象，讓人們更願意接受同性戀、雙性戀和跨性別者等同志族群（lesbian, gay, bisexual, and transgender，LGBT），這就是故事的力量。

我們看故事的時候會和角色建立連結；如果故事寫得好，我們對角色的感受就會和對真人差不多。同性戀反污名聯盟（The Gay & Lesbian Alliance Against Defamation）就表示：「電視節目不只是反映了社會對同志的觀感，更扭轉了社會對同志的觀感。許多例子都顯示，每個人對同志的印象，主要都來自身邊的同志親友；但如果一個人身邊沒有同志，那他對同志的主要認識，就會來自電視上的人物。」

根據同志反污名聯盟對電視黃金時段的年度分析報告，近年來同性戀或雙性戀主演人物的數量一直穩定增加。在二〇一五年最近一次調查中，同志人物總共占了百分之四。這符合蓋洛普民意調查的結果，約有百分之三・八的美國人自認為同性戀、雙性戀或跨性別者。順帶一提，同志人物比例最高的媒體是右派的福斯廣播公司（Fox Network），他們在黃金時段安插的同志主演人物多達百分之六．五。

虛構人物確實影響了閱聽人的態度。《好萊塢報導》（*The Hollywood Reporter*）上有份調查顯示，百分之二十七的受訪者認為，有同志人物登場的節目讓他們更堅定支持同性婚姻。如果根據二〇一二年總統大選的投票來分析，那投給羅姆尼的選民中，就有百分之十三的人認為電視劇讓他們更支持同性婚姻。也就是說只要想像中的族群變成了看得見的人物，就更容易啟動「當下分子」迴路。

理念以生物學統治國家

根據外遇網站 Ashleymadison.com 的數據……華盛頓特區是這三年來全國最不忠貞的城市……至於最多人出軌的行政區，就是政客、官僚和說客匯聚的國會山莊。

——《華盛頓郵報》，二〇一五年五月二十日政府的本質是支配。而人民之所以接受支配，可能是因為被征服，也可能是因為自願放棄部分自由換取安全。但無論是哪一種狀況，都會有一小群人掌握權力，支配其餘的大眾。掌握政府和行使權力也是屬於多巴胺掌控的工作，因為身居高位的人必須用抽象的法律統治身在遠方的百姓。儘管執行法律需要由「當下分子」系統來行使暴力，但絕大多數人都不會直接成為暴力的目標——因此，統治必須依靠抽象的理念，而非具體的力量。

由於政府本質上就是多巴胺的產物，自由派當然會比重視此處當下的保守派更熱衷政治。五百個自由派走在街上，就能興起一場激情的抗爭；換成五百個保守派，頂多就只會來一趟熱鬧的遊行而已。自由派不只熱衷於投入政治過程（political process），也更常攻讀新聞學等有關公共政策的高等學位，因為這些領域每天都需要參與政治過程。相反地，保守派普遍不信任政府，特別是遠在他方的政府。在政治領域，他們通常比較重視地方政府或是州政府，對聯邦政治不甚關心。

距離感對決策的影響重大，這點從前面提到的電車難題就可以看得出來。一旦排除情感因素，人們就比較容易做出資源最大化的決策。幾乎每個人都不願意把無辜的路人推到鐵軌上擋住火車，但如果是在遠處拉下轉轍器就容易多了。同樣地，很多法律在利及某一群人的同時，也會傷害另一群人，但只要這些傷害夠遙遠，我們就可以輕易忍受某種程度的傷害，以達成更遠大的良善目標。對於在華盛頓身居高位的政治人物來說，決策的後果實在太遙遠了，很難觸動他們的情感，於是無論增稅、切斷財源還是把某個人送上戰場都會變得輕而易舉，他們根本不會意識到這代表有個人的薪水袋變薄、得到的協助減少，或是要躲在散兵坑裡才能活過這個下午。「當下分子」迴路照理說會讓人對這些決策感到痛苦，但問題是這些後果並沒有發生在此處當下。

為什麼華盛頓總是得「做點什麼」？

政府需要大量多巴胺不只是因為它們遠在天邊，更是因為它的成立就是為了要「做點什麼」。從來沒有政治人物會承諾選民他入主華盛頓以後什麼也不會做。政治就是改變，而改變是多巴胺掌管的領域，每當有悲劇發生，人們就會高呼：「做點什麼！」因此，只要發生了恐怖攻擊，政府就會加強機場維安，儘管有許多證據都指出，讓旅客在登機前經歷漫長、屈辱的安檢儀式其實無法讓飛行更安全，運輸安全管理局（Transportation Security

Administration）的幹員永遠都能藏著武器闖過檢查系統。唯一被滿足的，只有人們對「做點什麼」的渴望。

根據美國國會監督網站 GovTrack.us 的數據，自從一九七三年開始，聯邦政府在每屆的兩年會期中，大約會通過兩百到八百條法律。聽起來雖然多，但政治人物們想做的遠遠不只如此，每屆國會大概都要討論八千到兩萬六千條法律。也就是說，不只是人民認為政府應該做些什麼，政治人物也很樂意為此效勞。

政府的控制欲是無法避免的。雖然華盛頓有些人會自稱自由派，有些會自稱保守派，但基本上每個會參與政治的人都是高多巴胺者，否則他們根本不會當選。從事選戰需要非常強烈的動機，需要願意犧牲手中的一切追求成功。而且政治人物的工作時間實在很長，會對家庭生活造成嚴重的影響。活在此處當下的人把愛與關係看成生命中最重要的事，不可能在政治界有所成就。在英國，國會議員的離婚率是一般人的兩倍。而在美國，國會議員常常把家人留在家鄉，自己搬到華盛頓居住，他們很少見到自己的配偶，而且身邊還有很多追求權力的年輕員工可以滿足多巴胺製造的欲望。對政治人物來說，關係並不是為了享受，而是為了選舉、通過法案或是滿足生理衝動等目的。杜魯門總統說得妙：「如果你想在華盛頓交朋友，去買條狗吧。」

保守派候選人與自由派立法者

當選需要依靠多巴胺，這點對保守派來說是個大問題，因為多巴胺滿滿的政客有時候不太適合代表靠「當下分子」生活的選民。比如說最近幾年，保守派就對老派共和黨人愈來愈沮喪，因為這些人參選時都承諾要縮小政府，但當選後還是不斷擴大政府。這種挫折感最知名的結果就是「茶黨運動」（Tea Party），這場保守派運動激起了許多人的熱忱，但至今仍沒能減緩政府擴張的速度。

老實說，政府或許永遠不會停止擴張。多巴胺**永遠不會滿足**，改變也永遠不可避免；至於改變是進步還是拋棄傳統，就是立場問題了。感到滿足是當下迴路的工作，只有活在此處當下時，內啡肽、內源性大麻素和其他負責感受此處當下的神經傳導物質才會告訴我們大功告成，是時候停下來享受辛苦工作的成果了。但是多巴胺會壓抑這些化學物質，讓我們不知道休息。政治是一場二十四小時全年無休的競賽，如果停下來喘氣，或是讓「夠了」閃過腦中，就會滿盤皆輸。

但這不代表政府擴張必然是壞事。只要是為了公益運作，權力的擴張就能對數百萬人的生活產生正面影響。如果政府懷抱善意，而且做事實在的話，權力集中就會有助於保護弱者的權利、協助窮人擺脫貧困、保護勞工和消費者免於大企業剝削。但如果政客忽略選民，為了自己的利益濫用立法權，或是貪腐盛行、政客完全不知道自己在做什麼的話，就會損害社會的自由與繁榮。

從歷史來看，要扭轉權力的擴張，就只能發動革命，透過災難性的改變來摧毀增長的趨勢。十九世紀曾擔任南卡羅萊納州參議員和副總統的約翰・卡亨（John Calhoun）顯然就很了解這些玩弄權力遊戲的起義者和暴君，才會說出「得到自由比保有自由更容易」。無論起義者還是政客，都是被多巴胺驅使的人，而兩者的目標都是促成改變。

上一次當就要學乖

說到底，政治難以和諧的根本原因，就是自由派和保守派的腦子差別太大，使得雙方難以互相理解，再加上政治是一種對抗性的競賽，缺乏理解的結果，就是光譜兩端彼此妖魔化。自由派相信保守派想讓國家倒退回那段少數族群飽受不公平待遇的時光，保守派則相信自由派想用苛刻的法律掌控人民生活中的每個角落。

但實際上，雖然認同的陣營相異，但絕大多數的群眾都只是希望美國人能享有最好的生活。只是無論自由派還是保守派陣營，都會有一些人居心不良，而吸引媒體關注的往往都是這些人。這是因為壞人不只比好人更有趣，還可以當成政治攻訐的武器，但少數的壞人並不能代表所有民主黨或共和黨員。

保守派通常都不喜歡牽扯國家大事，只想依著自己重視的價值平安度日。而大部分的自由派也只想幫助別人過得更好，讓每個人的生活更健康、更安全，並且不受歧視。但政治人物往往會刻意在兩群人之間煽風點火，好讓自己的追隨者更加堅定，以便從中牟利。因此我們必須時常牢記，自由派追求的是人們過得更好，保守派追求的是任由人們追尋幸福，而政客們只是在追求權力。

第六章 進步

……開場，乃是結局誕生之處。

——凱瑟琳·瓦倫特（Catherynne M. Valente），作家

當僕人變成主人，會發生什麼事？

多巴胺如何保障早期人類的生存？又將如何摧毀全人類？

走出非洲

現代人大約是二十萬年前在非洲演化出來，然後在十萬年前左右開始擴散到全世界。基

因證據顯示，我們在剛演化出來時曾經遭遇過一場未知的重大事件，絕大部分的人類都在這場事件中死亡，因此現今全世界人類的血脈，都可以追溯到同一群為數不多的祖先。也因為這樣，和黑猩猩或大猩猩相比，人類整體的基因多樣性小了很多。事實上，經過那場大災難後，人類的數量只剩下不到兩萬人；如果當初沒有離開非洲的話，人類很可能會就此滅絕，因此這場大遷徙對人類的存亡至關重要。

我們可以從這段近乎滅絕的過去，理解到遷徙的重要性。如果物種一直集中在某個小地方，就有可能因為一場乾旱、瘟疫或是其他意想不到的災難，徹底從世界上消失。而散布到不同的地區就像是買保險，就算一個族群被消滅，也不會整個物種消失。

根據現代人遺傳標誌的出現頻率，科學家估計早期人類大約是在七萬五千年前遷徙至亞洲[1]，然後在四萬六千年前抵達澳洲，至於進入歐洲又要再經過三千年。移入北美則是非常近期的事件，大約發生在三萬到一萬四千年前之間。如今，人類幾乎占據了地球上的每一個角落，但我們這麼做並不是因為害怕滅絕的風險。

1 譯註：指小亞細亞，也就是今天的土耳其。

冒險基因

實驗發現，餵食多巴胺藥物的老鼠會出現更多探索行為。這些老鼠會更常在籠子各處打轉，也會更積極進入不熟悉的環境。那麼，早期人類會不會也是因為多巴胺的影響才離開非洲向全球進發的呢？為了找出答案，加州大學的科學家們彙整了十二份基因研究的資料，比較多巴胺基因在世界各地的出現頻率。

他們把重點放在編碼D4多巴胺受體（*DRD4*）的基因。不知道各位是否還記得，多巴胺受體是一種蛋白質分子，會附著在腦細胞外面，等待多巴胺分子經過並捕捉這些物質。當受體捕捉到多巴胺，就會在細胞內引發一連串化學反應，改變細胞的行為。

前面討論尋求新鮮感和政治意識形態的關聯時，就有提到這個基因，也說過基因會有不同變化型，稱做等位基因。等位基因代表著基因編碼中的微小差異，正是這些差異賦予了人們各種不同的性格；較長的*DRD4*基因，比如7R等位基因會讓人更願意冒險。這些人耐不住無聊，會更積極追尋新體驗。他們是冒險家，喜歡探索新地方、新想法、新食物、新藥物。當然，他們也不會放過做愛的機會。全世界每五個人裡就有一個擁有7R等位基因，但不同地區比例差異很大。

多巴胺愈高，走得愈遠

研究人員採用的基因資料涵蓋了北美、南美、東亞、東南亞、非洲和歐洲等史前人類最主要的遷徙路徑。分析結果清楚顯示，分布愈靠近遷徙起點的族群，就愈少人擁有較長的*DRD4*等位基因；距離起源地愈遠，這些等位基因就愈普遍。

其中一條遷徙路徑從東非開始，經東亞穿越白令海峽，抵達北美洲後又繼續往南美洲前進。這是人類最長的遷徙路徑之一，而研究人員也發現，在走到終點的南美洲原住民裡，擁有長多巴胺等位基因的人，比例竟高達百分之六十九，位居全路徑之冠。而遷徙距離較短、選擇在北美洲定居的族群中，只有百分之三十二的人擁有這類等位基因。中美洲原住民則介於兩者之間，這類人占了百分之四十二。平均來說，每遷徙大約一千六百公里，擁有長等位基因的人口就會增加百分之四·三。

確定7R等位基因和族群的遷徙有關後，下一個問題就是為什麼會這樣。這些基因為何會在長途遷徙的族群裡這麼普遍？最明顯的答案是因為多巴胺會讓人不知滿足、坐立難安，並想要得到更多。在多巴胺的影響下，人們會渴望更好的生活。正是這樣的人才會離開既有的社群，前去探索未知的世界。不過除此之外還有另一種解釋。

適者生存

這些部落之所以離開原本的同胞繼續遷徙，或許並不是為了追求新鮮感，而是因為衝突，或是為了捕捉遷徙的獵物。老實說，人類真的有太多跟多巴胺無關的遷徙理由了。但這樣還是沒有回答我們的問題：到底為什麼這些長途遷徙的族群裡，會有那麼多人擁有7R等位基因？也許7R等位基因並沒有讓人展開遷徙，但是當部落踏上遷徙之旅，這種基因就會賦予擁有者更大的生存優勢。

首先，7R等位基因會驅使擁有者探索周遭的新環境，尋找獲取最多資源的可能性。換句話說，它會鼓勵人類追求新事物。比方說，如果部落一開始定居的地方四季如春，或許一整年都可以找到相同的食物；但是遷徙到新的地方以後，可能就會有乾季和雨季的分別，這時部落成員就得研究食物資源和季節變化之間的關係，而研究這件事需要不斷地冒險和實驗。

還有一些證據指出，擁有7R等位基因的人學習比較快，如果找出正確答案可以獲得獎勵又會更有效率。整體來說，這類人對獎勵更敏感，對輸贏的反應也更強烈。所以當他們來到不熟悉、需要適應新規則才能活命的新環境時，就會努力學習，設法搞懂一切，因為成功和失敗對他們特別有意義。

7R等位基因帶來的另一個優勢，是它會**降低擁有者對新壓力源的反應**。無論好壞，改變都會造成壓力，離婚的壓力很大，但結婚不遑多讓；破產是罕見的重大壓力來源，但贏得樂透頭獎也讓人壓力山大。雖然壞的改變可能還是會比好的改變造成更多壓力，但最主要的差別其實是改變的規模。改變愈大，壓力愈大。

我們都知道壓力有害健康，甚至會害人喪命。高壓情境會讓人罹患心臟病、睡眠障礙、消化問題、免疫力下降，還會造成憂鬱症，使人氣力不振、缺乏動機、悲觀無望、頻生短見，乃至於放棄人生，而這一切都對求生不利。在人類演化的早期，對壓力敏感會讓人更難在環境發生巨大變化時獲取資源。這些人不適合狩獵，也不適合採集，很難在生殖競爭中獲得青睞，甚至根本活不到能將基因傳給下一代的那天。

不過，並不是每個人都會因為改變備感壓力。新工作、新城市甚至全新的生涯反而會讓高多巴胺人格者感到興奮並充滿精力。陌生的環境是他們的動力來源。而在史前時代，這些人也會更容易找到方法面對劇烈改變。他們更容易贏得生殖競爭，因此更容易將高多巴胺基因傳遞下去。如此一代接著一代，有助於適應陌生環境的等位基因很容易排擠其他基因，成為遷徙族群中的主流。

當然，擁有7R等位基因的人也不是到哪都能無敵。他們雖然很擅長面對新環境，卻不容易維持長期關係，而巧妙的社交功能也是一種很重要的演化優勢。正所謂雙拳難敵四手、亂拳打死老師傅，無論一個人有多高大、聰明、強壯，都很難和一群合作無間的人競爭。在需要合作的環境裡，高多巴胺人格反而會變成負擔。

很多人喜歡把「適者生存」掛在嘴上，但「適者」的定義是由環境決定。在熟悉的環境下，合作是最重要的能力，這時和多巴胺適中的人相比，高多巴胺者的生存和求偶優勢就沒那麼明顯。但是當部落前往未知領域時，強化多巴胺系統的基因就會帶來很多好處，並隨時間逐漸在族群中擴散開來。

哪個說法才對？

現在我們有兩個理論：

一：多巴胺基因促使人類離開原本的環境尋找新機會。因此這些基因在遷徙愈遠的族群中愈為常見。

二：人類因為其他原因而離開原本的環境尋找新機會，但擁有多巴胺基因的人更容易生存繁衍。

我們要怎麼判斷誰說的才對？

老實說，這有一點複雜。如果是多巴胺基因讓人類展開行動，離開家鄉尋找更好的生活，那我們應該會在非洲以外的每個族群，都找到很多帶有7R等位基因的人，無論他們是遷徙了幾代以後就在附近定居下來，還是經過了千百年才在遠方落腳都一樣。因為如果啟程離家是多巴胺造成的，那距離就不會是問題，所有離開的人多巴胺都應該比較高，而留在家鄉的人都應該比較低。

但是，如果決定遷徙跟7R等位基因無關，那我們就會看到攜帶者的比例呈現漸進變化。事情是這樣的，如果部落只遷徙了一小段距離，那就只有少數幾代需要適應新環境。一旦部落停止遷徙，他鄉日久便成了故鄉，擁有7R等位基因的優勢將不再明顯，攜帶者不會比其他人擁有更多子嗣，各種等位基因傳遞下去的機率也將趨於一致。

至於那些持續遷徙的部落，則會世世代代不斷遇見陌生的環境。在這種狀況下，7R等位基因會帶來顯著的生殖優勢，攜帶者也會活得更久、生下更多後代。隨著部落持續遷徙，7R等位基因會變得愈來愈普遍。最後的結果正如我們所見，一個族群遷徙愈遠，7R等位基因也就愈常見。雖然人們並不是因為它才離開故鄉，但確實是因為它才能在漫長的征途中生存下來。

移民

然而，現在的全球人口移動和史前時代有很大的差別，離開原生國度往往是個人抉擇，而非部落決策。而且雖然多數人移民都是為了尋找更好的機會，但這些決定似乎跟D4多巴胺受體的7R等位基因沒有太大關係，7R等位基因擁有者在移民族群中所占的比例，跟他們原鄉的比例都差不多。話雖然此，多巴胺仍對移民頗有影響，只是影響的方式和遠古時期大不相同。

之前在第四章談到多巴胺和創意的關聯時，我們曾比較過創意和思覺失調症——後者肇因於欲望迴路的多巴胺過度活躍。另外，我們也討論到精神病患的妄想，和活躍的創意思考，以及一般的夢境之間有哪些共通之處。不過，多巴胺過度活躍不只會造成思覺失調而已。別名「躁鬱症」的「雙極性情緒障礙」也和多巴胺有關，而且這種精神問題在移民社群裡似乎特別常見。

雙極性情緒障礙：多巴胺過剩的另一種後果

「雙極性情緒障礙」正如其名，指的是病患的情緒會在兩種極端之間震盪。在「鬱期」時，患者的情緒會不正常地低盪，而到了「躁期」又會過度興奮，出現精力充沛、情緒愉快、思緒快速跳躍、同時積極追求許多目標，以及熱衷於濫交和衝動消費等高風險的官能刺激。這些症狀顯然都跟多巴胺大量分泌有關。

許多雙極性情緒障礙的患者的生活都因此癱瘓。他們沒有能力長期從事同一份工作，或是無法維持健康的關係。不過如果接受治療，服用穩定情緒的藥物，也有不少人可以維持正常生活，還有極少數能實現非凡的成就。全世界約有百分之二．四的人患有雙極性情緒障礙，但這種問題在某些族群裡特別常見。冰島的研究團隊發現，相較於其他產業，舞蹈、戲劇、音樂和寫作等創意領域從業人員罹患躁鬱症的可能性高了百分之二十五。格拉斯哥大學的科學家也做過一份研究，他們追蹤了超過一千八百個人在八歲到二十多歲之間的表現，發現八歲時智力測驗分數愈高的人，在二十三歲時罹患躁鬱症的風險也愈高。和一般人相比，聰明的大腦也比較容易得到多巴胺相關的精神疾病。

許多以創意為世所知的人都有雙極性疾患的跡象，比如《教父》的導演法蘭西斯．柯波拉（Francis Ford Coppola）、奇想樂團的主唱雷．戴維斯（Ray Davies）、以海倫凱勒一角贏得奧斯卡最佳女配角的派蒂．杜克（Patty Duke）、星際大戰中的莉亞公主凱莉．費雪（Carrie Fisher）、梅爾．吉勃遜、海明威、反戰運動家艾比．霍夫曼（Abbie Hoffman）、創建甘迺迪家族的派屈克・甘迺迪（Patrick Kennedy）、電腦科學的先驅愛達・勒芙蕾絲（Ada Lovelace）、瑪麗蓮・夢露、以叛逆稱著的搖滾歌手辛妮・歐康諾（Sinead O'Connor）、前地下絲絨主唱路・瑞德（Lou Reed）、法蘭克・辛納屈、小甜甜布蘭妮（Britney Spears）、創造有線電視的泰德・透納（Ted Turner）、武打明星尚－克勞德・范・達美、女性主義作家維吉尼亞・吳爾芙，還有凱薩琳・麗塔瓊絲。根據歷史文獻，不少了不起的人物，像是狄更斯、南丁格爾、尼采和愛倫坡等人也都可能患有雙極性情緒障礙。

這些了不起的大腦就像是超級跑車一樣，雖然表現超凡絕倫，但也非常容易壞掉。多巴胺能增強智力和創意、讓人更賣力工作，但也容易讓人做出異常舉止。

當然，躁鬱症的病理很複雜，但多巴胺過度活躍絕對是一個重要因素。前面說過，躁鬱症發生的主因並不是掌管*DRD4*受體的等位基因太強勢；事實上，科學家認為躁鬱症是因為「多巴胺轉運體」（dopamine transporter，見圖五）出問題造成的。

多巴胺轉運體就像吸塵器，能夠控制多巴胺刺激神經細胞的時間。負責產生多巴胺的細胞一啟動，就會釋放裡頭儲存的多巴胺，讓它們和其他腦細胞上的受體結合。如果要結束這個作用，轉運體就會出動，將多巴胺吸回原本的細胞裡，讓整個過程可以從頭開始。由於這

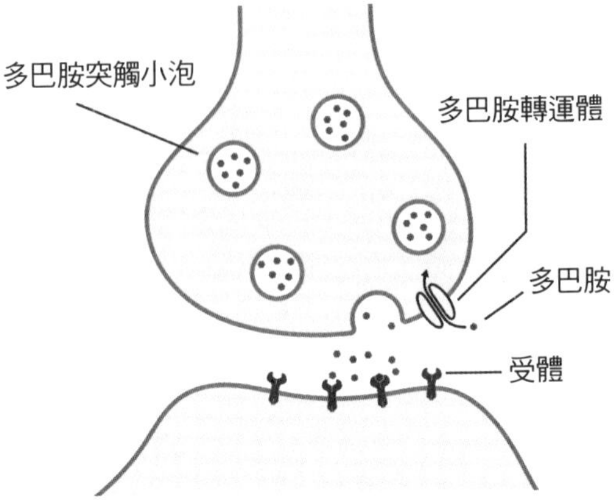

圖五

個將多巴胺吸回腦細胞的功能，轉運體有時也叫做「再吸收幫浦」（reuptake pump）。

那麼，如果轉運體沒有正常運作會發生什麼事？這點從濫用古柯鹼的人身上就可以看出來，因為古柯鹼會像襪子塞住吸塵器一樣，阻斷多巴胺轉運體的作用。這會讓多巴胺和受體不斷產生反應，增強用藥者的精力和性衝動，做出更多目標導向的行為，並讓他們更自信、興奮，想法也會變得非常跳躍。而躁鬱症患者在躁期也會出現這些症狀，就連醫生有時也分不出來。

是雙極性基因讓人移民的嗎？

我很快就發現，當人離開自己的國家，就像是失去了一直支撐著自己的拐杖；

你必須從零開始，因為你的過去都一筆勾銷了，沒有人在乎你來自哪裡，也不關心你以前做過什麼。

——作家伊莎貝・阿言德（Isabel Allende）

躁鬱症並不是「有病」或「沒病」這麼簡單而已，有些人的病情非常嚴重，也有些人相當輕微，還有些人只是有躁鬱傾向而已，會顯露出一些情緒異常高亢的跡象，但又沒有嚴重到需要視為醫學上的疾病。至於病情嚴不嚴重，完全取決於患者從父母繼承了多少風險基因，以及這些基因有多容易致病。在遺傳風險與童年壓力等周遭環境的交互作用下，患者才會表現出部分雙極性情緒障礙的症狀，或是不足以稱為疾病的躁鬱傾向。

那麼，當一個人身上的風險基因很少，或是基因造成的影響很小，導致多巴胺轉運體出現一些小毛病時，會不會讓人更渴望旅行呢？這會不會讓某些人更容易決定離開家鄉，前往他方尋找新的機會？畢竟，要讓人告別自己的根，離開親朋好友，放棄熟悉、舒適、一直支持自己的地方並不容易。鋼鐵大王安德魯・卡內基（Andrew Carnegie）原本只是在蘇格蘭的一家工廠裡打零工，賺取每天幾分錢的微薄工資；但來到美國後，他卻成為了世界上最富有的人。他曾寫道：「人若是容易滿足，就不會勇敢橫渡大西洋的風暴，只會無助地窩在家鄉。」

如果躁鬱症基因會刺激出國的動力，那這些勇敢的人身上應該多少都帶有風險基因。因此我們可以預期，一個國家的移民愈多，躁鬱症基因的數量應該也愈多。好比說，美國就是一個幾乎由移民和其後裔組成的國家，而美國人的躁鬱症比例也是全世界最高，多達百分之四．四，幾乎是其他地方的兩倍。這兩者是否有關呢？

日本可以說是美國的反例，該國幾乎沒有移民，僅有百分之〇．七的人患有躁鬱症，是全世界最低的數據。而且，美國人的雙極性情緒障礙往往在年紀尚輕的時候就會顯現，這也是病情嚴重的徵兆之一。在美國，大約有三分之二的患者會在二十歲就出現症狀，而歐洲僅有四分之一的患者會這麼年輕就發病。看來美國人的基因庫確實聚集了很多高風險基因。

除了告訴身體如何製造多巴胺轉運體的基因以外，還有其他基因也會提高躁鬱症風險。雖然我們還不知道確切數量，但某些遺傳形式顯然有影響。父母都有雙極性情緒障礙的子女，會比一般人更容易得到躁鬱症，有些研究還認為風險可以差到十倍。不過也有些孩子很幸運，他們會得到躁鬱症的好處，又不會真的發病。

前面說過，躁鬱症並非全有或全無。情緒障礙專家認為這就像**光譜**一樣，左端是第一型躁鬱症，患者的躁期和鬱期都非常劇烈。再來是第二型躁鬱症，這些患者的鬱期通常很嚴重，但躁期的表現就和緩許多，可以稱之為「輕躁」（hypomania）。繼續往右則是循環性情緒障礙（cyclothymia），患者會在輕躁和輕鬱之間擺盪。接著是高昂型性格（hyperthymic temperament），這個名詞來自希臘文 thymia，意思是心靈的狀態。

高昂型性格不算是疾病，也不像雙極性疾患一樣有躁期和鬱期。擁有高昂型性格的人只是個性比較「激越」，而且這個狀態不會消退。躁鬱症領域的先驅哈哥普·阿基斯卡爾（Hagop Akiskal）指出，擁有高昂型性格的人通常積極向上、活力旺盛、言談詼諧、過於樂觀自信、喜歡吹噓，而且總是有用不完的精力和計畫。他們多才多藝、興趣廣泛，喜歡多管閒事、不拘小節、勇於冒險，而且通常睡得很少。這些人對新的生活方向常過度熱情，喜歡嘗試新的飲食法，有很多浪漫邂逅，樂於探索各種生意機會，甚至連宗教信仰也是，但沒過多久熱情又會散去。他們能完成很多成就，但也可能教人難以忍受。

光譜最右端的則是只遺傳到少量風險基因的人，這些人不會展現異常的情緒，卻有比一般人更強的動力和創意，常做出大膽、高風險的決定，並有許多顯然跟高多巴胺相關的人格特質。

多巴胺的國度

我們已經知道，躁鬱基因和躁鬱症在美國特別普遍。不過即使沒有發病，躁鬱基因也會造成其他影響。那這些影響在美國是否也很常見呢？答案是從建國之初就常見到不行。

最早對美國文化發表觀察心得的人，應該就是法國的外交官、政治學家兼歷史學家亞歷克西．托克維爾（Alexis de Tocqueville），他在十九世紀出版了《民主在美國》（*Democracy in America*）一書，記載了許多美國的文化特色。而他之所以想研究這個新國家，是因為他認為民主很可能會取代歐洲的貴族社會，因此研究民主對美國的影響，或許能指導歐洲如何適應這種新的政府型態。

托克維爾的觀察大部分都可以歸結成一個概念，那就是民主最重視的平權原則。但他也提到了美國人有些特質似乎跟政治哲學無關，其中還有些特質和雙極性疾患或是高多巴胺人格異常相似。比如說這本書有個章節叫〈為何部分美國人對宗教抱有狂熱的激情〉，而他是這麼解釋的：

雖然美國人普遍熱烈渴望獲得人世間的美好事物，但有時他們的靈魂似乎會突然變得異常激越，足以打破物質的束縛衝向天堂。

從這一句話中，我們可以看見某種對物質感官領域以外事物的熱忱和癡迷，激烈到甚至讓托克維爾聯想到超越個人、遠在天外的世界。而且托克維爾還發現，這種行為在「大西部的另一半人口中」特別普遍。他的觀察符合我們的假設：會前往西部州份的開拓先驅可能更願意冒險、更追求官能刺激，身上也帶有更多強化多巴胺的基因。

而接下來的章節是〈為何美國人置身繁榮卻依舊躁動〉，同樣契合了多巴胺不知滿足的概念。托克維爾表示，美國人雖然「擁有世界上最幸福的生活環境」，卻依然對更好的生活充滿「狂熱的激情」：

在美國，人們會為了度過晚年而蓋一棟房子，卻在屋頂蓋好前把它賣掉；他們會開闢果園，卻在不等果樹結實就將之出租；他們會開墾田地，卻讓別人去收割莊稼；他們會投入一項專業，卻又輕易放棄；他們會在一處定居，不久又帶著家當前往他方。當他們的生活一有閒暇，就會立刻跳入政治的漩渦；如果在一整年的勞苦後，得到了幾天假期，他會出於熱切的好奇心，出發遊歷美國的廣闊幅員，在寥寥數日內遠行二千四百公里，好擺脫原本享有的幸福。

聽起來就是一個擠滿高昂型性格者的國度。

發明家、創業家和諾貝爾獎得主

多巴胺確實帶領美國這個移民國家實現了非凡的成就。根據喬治梅森大學（George Mason University）移民研究所（Institute for Immigration Research）的一份研究報告，從一九〇一年到二〇一三年，有百分之四十二的諾貝爾獎得主都是美國人，占全世界第一名。而且這些得主中的移民比例高得嚇人，其中大多數人的原生國度是加拿大（百分之十三）、德國（百分之十一）和英國（百分之十一）。

一直以來，世界各地的移民都被美國所吸引，這些人裡面有很大一部分都天賦異稟。不少當代經濟中最重要的企業，比如 Google、Intel、PayPal、eBay 和 Snapchat 都是由移民創立的。在二〇〇五年的矽谷，有百分之五十二的新創企業都是由移民創辦，但所有移民加起來，其實只占了美國人口的百分之十三。在所有族裔中，又以印度裔創立了最多科技新創企業。

在《卓越者：移民如何塑造世界和決定未來》（*Exceptional People: How Migration Shaped Our World and Will Define Our Future*）一書裡，作者指出美國政府在二〇〇六年所收到的國際專利申請中，有四成的發明人或共同發明人是住在美國的外國人。而在一流科技公司裡，絕大多數專利的申請人也是移民：思科系統的專利申請人中移民占了六成，通用電氣是百分之六十四，默克藥廠為百分之六十五，高通則有百分之七十二。

除了科技公司，美甲店、餐廳、乾洗店，乃至於美國成長最快的各種大小企業，也都是移民的天下，全美國有四分之一的企業是由移民開創，人均擁有的事業數量大約是原生美國人的兩倍。而且只要檢視所謂的「創業精神」，我們就會發現創業這件事和多巴胺有直接關聯。

華威商學院（Warwick Business School）企業創新研究中心（Entrepreneurship & Innovation Enterprise Research Centre）的尼可什・尼可勞烏（Nicos Nicolaou）曾率領研究團隊，在英國召集了一千三百三十五名志願者，蒐集他們對創業精神的看法，並抽血檢驗他們的DNA。這些人的平均年齡為五十五歲，有百分之八十三是女性。尼可勞烏發現了一種多巴胺基因，它有兩種等位基因，兩者只有一個建構模塊（building block，也就是「核酸」）不同，但這個差異會讓其中一種基因表現出更積極的傾向。擁有這種基因的人，會比沒有的人更容易開創新事業，而且機率差了將近兩倍。

不只美國，其他國家同樣深受移民的影響。百森商學院（Babson College）和倫敦經濟學院（London School of Economics）共同資助的全球創業觀察計畫（Global Entrepreneurship Monitor）發現，人均新創公司數最多的前四個國家分別是美國、加拿大、以色列和澳洲。除了以色列以外，另外三個都名列全球移民人口比例最高的九個國家之中，而以色列本身也是一個由移民組成，建國不到三個世代的新國家。

高多巴胺人格者的數量有限，所以當一些國家的高多巴胺人格者增加，就代表另一些國家的高多巴胺人格者減少了。很多美國移民都來自歐洲，這些人的移動不但讓美國的高多巴胺基因更豐沛，也讓剩下的歐洲人更有可能傾向重視當下的生活方式。[2]

為了瞭解美國人和歐洲人的差異，皮尤研究中心（Pew Research Center）做了一項調查，並發表了一篇報告，題為〈美國與西歐的價值觀差異〉（The American–Western European Values Gap）。雖然除了基因以外，價值觀還會受到很多因素影響，不過這份問卷有不少問題都和高多巴胺人格關係密切。舉例來說，有一個問題是「人生中的成就是否由我們無法控制的力量所決定？」有百分之七十二的德國人表示贊同，法國人為百分之五十七，英國人則為百分之四十一。但只有不到三分之一的美國人認為外部因素才是重點，絕大多數的人都選擇了高多巴胺風格的回答。

還有另一個問題也可以看出多巴胺的差異。美國人更容易贊同使用軍事力量直接改變現狀，達成國家的目標，也普遍不認為美國必須得到聯合國允許才能出兵。此外，美國人也更

2 我們在第五章討論過，高多巴胺傾向為何在主張改革的美國自由派身上，比在偏好維持現狀的保守派身上更常見。而歐洲的情況剛好相反，自由派政府通常傾向維持現狀，而右派政黨往往支持基進改革。

看重宗教在生活中的意義，有一半的人認為這點非常重要。而重視宗教的歐洲人比例還不到美國人的一半：西班牙是百分之二十二，德國是百分之二十一，英國是百分之十七，法國則是百分之十三。

美國和類似的移民社會或許擁有最多的高多巴胺基因，但別忘了，高多巴胺的生活方式已經成為現代文化不可或缺的一部分，就算這違背某些人的基因也一樣。現在的社會充斥著川流不息的資訊、日新月異的產品、鋪天蓋地的廣告以及永不停歇的欲望。在這個時代，多巴胺已經和人類的存在密不可分，牢牢抱住了我們的靈魂。

我們就是多巴胺

大腦引領著我們在世間生活，而製造多巴胺的細胞只占了這器官裡所有細胞的二十萬分之一。可是當我們深入思索自己到底是誰，想到的卻是這一點點細胞。多巴胺是我們的認同，在我們的內心深處，我們就是多巴胺。

如果你去問哲學家，人之所以為人的根本是什麼，他會告訴你是自由意志。因為人最特別的地方，就是我們有能力超越生物本能，用直覺以外的方式應對環境。這個能力讓我們懂得衡量眼前的選擇、思考價值和原則等更高遠的概念，並在深思熟慮下做出決定，盡可能獲取我們認為美好的事物——比如財富、愛或是高貴的靈魂。而這份能力的源頭就是多巴胺。

如果你問學者，她會說人的根本是理解世界的能力。她就是靠著這份能力，才能從感官資訊的河水中站起身來，看清自己所察覺到的事物有何意義。她知道如何評估、判斷並做出預測，她能夠理解這一切，這份能力的源頭也是多巴胺。如果你去問享樂主義者，他可能會說自我最重要的部分，就是體驗歡愉的能力。他的人生意義就是不斷追求美酒、美人以及一切美好的享受，因為他追求得愈努力，得到的獎勵就愈豔麗。這是多巴胺給他的快樂。

如果你去問藝術家，她會告訴你人的本質就是創造的能力。正是藉著這份天賜才華，她才能將前所未有的真與美化為現實。正是由於創意的泉水不斷噴湧，她的存在才有意義，而這股泉源就是來自多巴胺。

如果你去問追求靈性的人，他會告訴你，人之所以為人，是因為人類尋求超越。這份追求讓我們的精魄跨越物質現實的桎梏，讓永恆的靈魂得以超脫時間與空間。但靈魂精魄眼不可觀、耳不能聞、嗅之不得、觸之不及，只能以想像、以意識見之，這一切同樣是借助多巴胺的力量。

抓頭的時候想什麼？

不過，超過百分之九十．九九的大腦都不是由多巴胺細胞組成的，而且許多區域的運作都跟意識無關，比如呼吸、維持賀爾蒙系統的平衡，還有協調肌肉以便我們能做出一些看似簡單的動作。好比說抓頭的動作，首先多巴胺迴路會決定抓頭是個好主意，因為這樣做最能達成一個頭不會癢的未來。接著，多巴胺細胞會送出命令，但接下來的過程就跟多巴胺，也跟意識無關了。

多巴胺只是指揮，而非樂隊。

某種程度上來說，這應該是最簡單的部分。發出命令以後的執行過程非常複雜，複雜到我們根本難以想像。

要抓頭，你得先抬起手臂，而手臂需要協調手指、手腕、手臂、肩膀、背部、頸部和腹部的一連串肌肉；如果妳還站著，就連腿部的肌肉也需要協調。抬高手臂會改變身體重心，因此必須跟著調整平衡，這個過程很複雜。人體的每個關節都有一對拮抗肌，就像大腦裡也有拮抗迴路一樣；當關節一側的肌肉以特定方向收縮時，對側的拮抗肌就會從相反方向持續放鬆。如此一來，肢體才能做出各種精密的動作。人的肌肉是由一條一條細細的肌纖維組成的，光是二頭肌就有二十五萬條肌纖維，而肌肉收縮的強度，則取決於肌纖維的使用比例，所以每一根肌纖維都需要個別控制。也就是說，為了讓你可以抓頭，大腦必須控制全身上下數百條肌纖維，確保每一條纖維之間都協調得恰到好處，並且在整個動作過程中不斷調整收縮的相對強度。這整個過程需要用到大腦的很多部位，而且有些部位你根本聽都沒聽過。這些都和多巴胺無關，但仍然是你的一部分。

我們的每一天幾乎都是靠這種自動模式渡過的。從出門上班開始，到接下來的開車、用餐、微笑、大笑、皺眉、偷薪水，以及其他數以千計的瑣事，都不必花費太多心思。而既然我們的生活有這麼多環節和大腦中權衡選擇的區域無關，這些潛意識、跟多巴胺無關的行為，才能代表真正的自我。

她今天不太對勁

當我們熟識、看重一個人，就會看見他們身上那些與眾不同的特質，而其中有些特質或許是多巴胺的功勞。比如說「當我需要他的時候，他總是在我身邊」。不過對我們來說更寶貴的，常常是那些不受多巴胺控制的潛意識行為，比如「待在她身邊很快樂。不管我心情有多糟糕，她都能讓我振作起來」、「我喜歡他微笑的樣子」、「她的幽默感超怪」，或是「他走路的樣子超有個性」。

我們也許不覺得伸手抓頭時，手臂上肌纖維收縮的方式會跟自己的本質有什麼關係。但我們的朋友未必也這樣想。每個人都有一些獨特的小動作，而且平時通常不會有自覺，但其他人都看在眼裡。因此就算沒有看到臉，朋友也可以遠遠就從小動作認出我們。這些小動作也和多巴胺一樣決定了我們是誰。

有時候我們會說一個朋友「今天不太對勁」，但這是什麼意思呢？也許是她生病了、被失望壓垮了，或是昨晚翻來覆去卻怎麼也睡不著。總之，可能性很多，但通常不是在說她刻意表現得像是另一個人，而是說她平常那些潛意識的舉動跟平常不太一樣。而在我們的心中，那些舉動也是「她這個人」的一部分。我們也許會以為自己的靈魂就住在多巴胺迴路裡，但身邊的朋友顯然不是這樣想的。

如果我們把多巴胺迴路當成自己的根本，會忽略哪些東西？我們會忽略情感、同理心，還有跟所愛之人相處的快樂。當我們忽視情感、和自己的內在斷裂，情感也會逐漸變得粗糙，甚至演變成憤怒、貪婪和怨恨。當我們忽視同理心，就會難以讓別人開心起來。當我們忽略親近的關係，我們很有可能就此失去快樂，最後早早死去。哈佛大學有份進行了七十四年的研究指出，如果一個人和社會缺乏聯繫，早死的風險就會提高百分之五十到九十，就算他本人不覺得孤獨也一樣。也就是說，孤獨對健康的傷害比過胖或缺乏運動還要嚴重，足以和吸菸相比。人類的大腦需要跟人親近才能活下去。

除了情感，官能的愉悅也會跟著逝去。我們會變得無法欣賞花朵的美麗，只能想像它插進花瓶以後的模樣。我們會對晴朗的天空視而不見、對早晨的清新嗅而不聞，只知道低頭看著手機上的天氣預報，遺忘周遭的世界。

把多巴胺當成自我，還會害我們身陷猜測與風險之中，讓我們輕視、忽略甚至畏懼實際存在的此處當下，因為我們無法控制此處當下，我們只能控制未來，偏偏高多巴胺人最嫌惡的，就是放下控制權。問題是，未來並不真實，就連下一秒的未來也是虛幻的。我們必須接受殘酷的當下，接受此刻的一切都是真的，接受我們無法讓現實隨自己的心願改變一絲一毫。當下已然存在，堅如磐石，不可撼動，而高多巴胺人所生活的未來只不過是幻夢泡影。

幻想的世界就像鏡子裡的天堂，將我們映照得無比強大、美麗、可敬可愛。在這個世界裡，我們可以徹底掌控環境中的一切，就像數位藝術家控制畫面中每一個像素一樣。但如果我們用同樣的期待面對現實世界，只看自己想看的、只在乎自己能利用的，就會為了觀賞虛幻的欲望瀑布，汲取現實的深沉大海，最後留下乾涸的末日。

人類會因多巴胺滅絕嗎？

早期的人類曾生活在匱乏的環境，一度瀕臨滅絕，所幸有多巴胺敦促我們不斷追求更多，整個物種才得以倖存。多巴胺讓我們的祖先脫離困頓的生活，讓他們創造出工具、發明抽象的科學，並懂得規畫未來——最後，我們成為了地球的主宰。然而，既然我們已然統治世界、發展出複雜的科技，並享有富饒的生活，照理說就算不繼續追求**更多**，也毋須擔憂生存才對。然而，多巴胺仍繼續指揮著我們前進，儘管前方或許只剩下我們的末日。

和演化之初相比，人類這個物種的勢力擴大了非常多。但在科技飛快發展的同時，生命的演化卻依舊緩慢。人腦剛演化出來時，整個物種都必須為了存續奮鬥；時至今日，物種存續已經不成問題了，但我們的大腦還是沒有改變。

說不定人類在十個世代之內就會滅亡。我們實在太擅長滿足多巴胺系統的欲望，然而**更多**、**更新**並不代表更好，這點無論對個人還是對整個物種都一樣。多巴胺不知道什麼時候該停下來，它只會催我們繼續前進，直到墜入深淵。在接下來幾個段落，我們會討論一些最糟糕的未來。我們也許可以繼續依靠多巴胺的創造力，成功找到一條安全的路徑，穿越礁石和淺灘繼續加速進步。當然，我們也有可能會失敗。

末日按鈕

核戰應該是最有可能發生的多巴胺末日了。科學家在多巴胺的驅動下，打造了無數的末日武器，然後把控制開關交到高多巴胺人格的統治者手中。沒有人可以阻止科學家設計致命武器，也沒有人可以阻止獨裁者對權力的渴望。這樣一來必然會有愈來愈多國家獲得核打擊能力，而且遲早會有某個人的多巴胺迴路發現，要讓未來利益最大化，最好的辦法就是按下紅色按鈕。儘管如此，我們還是期望，甚至可以說相信人類可以在自我毀滅前，找出某種辦法超越原始的征服欲——比如說創立另一種類似聯合國的國際組織。

但想要做到這種事，需要耗費很多很多資源，才能繞過大腦的原始設定。

耗盡資源

另一種可能性極高的發展，是我們因為多巴胺的刺激，每天消耗的資源都比前一天多，最後把整個地球吃乾抹淨。目前世界各國最擔心的，就是工業活動帶來的氣候變遷，因為像是乾旱、洪水或武裝衝突，都會日益減少人類可用的資源。溫室氣體是氣候變遷最主要的成因，其中有超過一半都來自水泥、鋼鐵、塑膠和化工產業中使用的化石燃料。在愈來愈多國家脫離貧困的同時，全世界對化石燃料的需求也飛快增加。每個人都想要**更多**，而且很多國家這麼做並不是為了追求奢侈的生活，只是想脫離朝不保夕的貧困。

為聯合國氣候變化大會（United Nations Climate Conference）提供科學評估的跨政府氣候變化委員會（The Intergovernmental Panel on Climate Change）認為，要有效扭轉氣候變遷，一定需要徹底改變當今的社會。全球經濟成長必須減緩，冷暖器和熱水的使用也必須減少。人們必須減少開車、飛行和消費——換句話說，我們必須削減任何由多巴胺驅動的行為，結束現在這個不斷追求更好、更快、更多、更便宜的時代。

然而人類歷史上從未發生過這種事，至少人類從未如此選擇。想要維持目前的消費增長速度，同時又減少溫室氣體的產量，就只能期待劃時代的科技進步。

電腦萬歲、萬歲、萬萬歲

電腦變得比人類更聰明的那天，一定會徹底顛覆整個世界。多虧了多巴胺在背後刺激我們的抽象思考能力，讓科技不斷更新，電腦的速度和運算力也不斷飛速成長。如果有一天電腦聰明到可以自行設計和改良出新的電腦，整個發展過程就會不斷加速。沒有人知道這種事何時會發生，但或許就在我們意想不到的明天。未來學大師雷・庫茲威爾（Ray Kurzweil）

相信，我們最快在二〇二九年就會製造出這種超越人智的電腦。

傳統編碼技術製造出來的電腦很容易預測，因為這些程式碼從開始到結束計算，都遵循一套很明確的流程。然而，新型態的人工智慧並不是人類可以預測的，因為它們的運作方式並非由程式設計師預先決定，而是在實際運作過程中，根據達成目標的路徑不斷自我調適。這種設計稱為**演化計算**（evolutionary computing），能讓電腦變得非常適於應對問題。演化計算會增強導致成功的迴路，削弱導致失敗的迴路。隨著這個過程不斷重複累積，電腦就會愈來愈擅長解決人類指派給它的工作，比如人臉識別。但是沒有人知道電腦是怎麼做到的，因為當計算迴路發展到一定程度後，就會複雜得讓人無法理解。

換句話說，世界上沒有任何人知道，電腦究竟可以走到什麼境界。一套可以自行編輯程式碼的人工智慧，或許會在某天做出結論，認為消滅人類是完成目標最好的方式。科學家或許能設下一些安全機制，但既然人工智慧的演化不受設計師控制，我們也就無法知道有什麼機制強大到可以限制電腦的演化方向。當然，最簡單的辦法就是停止研究人工智慧，可是這又違反了我們追求**更多**的本能，所以大可直接排除。多巴胺會敦促科學家不斷前進，無論前程是好是壞。除非我們運氣夠好，能找出辦法確保人工智慧遵循人類的倫理道德行事。很多電腦科學領域的專家也相信這是他們目前最重要的目標。

有空做自己，沒空生孩子

科技因為多巴胺的驅動不斷進步，我們的需求和欲望也因此更容易滿足。便利商店的商品不斷推陳出新。火車、飛機和手機讓我們可以隨意前往任何地方，而且花費一天比一天便宜。網路給了我們無盡的娛樂選項，市面上每天都有酷東西上市，害我們必須隨時查閱密密麻麻的行事曆，才能趕上時間花掉手中的錢。

我們聽著多巴胺的催促：快一點！快一點！我們要接受的教育愈來愈多，如今研究生的價值，已經和上個世代的大學生沒有兩樣。我們的工時也不減反增，公司裡的備忘錄愈來愈多，要寫的報告愈來愈多，要回的郵件愈來愈多，根本看不到盡頭！工作要求我們二十四小時隨時待命，一旦有人需要，我們就得立刻回應。看看那些廣告，男人微笑著在海灘上回訊息，女人坐在旅館的泳池旁查看手機螢幕，監看家裡的狀況，真是美好的假期啊！她上次檢查手機是什麼時候？十五分鐘前嗎？十五分鐘能發生什麼事？什麼都不行，因為一切都得在她控制之中！

要享受這麼多娛樂、讀這麼多書、花這麼多時間工作，必定要有所犧牲，而我們決定犧牲的正是家庭。美國人口普查局指出，從一九七六年到二〇一二年，不生孩子的女性幾乎多了一倍！二〇一五年，《紐約時報》也報導了第一屆「無母職高峰會」（NotMom Summit），該會議聚集了世界各地因為個人選擇或社會環境而不生孩子的女性。

在已開發國家，由於養育子女的成本愈來愈高，人們普遍對生育興趣缺缺。根據美國農業部的統計，要將一個孩子撫養到十八歲，總共得花費二十四萬五千美金。如果要上大學，學雜費和食宿費又得再花十六萬美金；在這之後，孩子還有可能得念研究所，或是因為各種原因需要搬回家裡。這些花費加起來都可以買一棟度假別墅，或是每年出國旅行，順便還能用來上高級餐廳、劇院，再買下一堆名牌服裝。一對剛結婚的夫妻被問到為什麼不生小孩時，他們以下的反應回答了所有問題：「不然你出錢啊。」

就算有多巴胺他們放眼未來，已開發國家的男男女女也已經不會把養育下一代放在未來的規畫中了，因為他們的晚年可以仰賴政府資助的退休金，根本不需要子女來照顧。這點徹底解放了多巴胺，讓人們可以把資源花在電視節目、新車或是改裝廚房上頭。

但如此發展的結果就是人口結構崩潰。這世界上大概有一半的人生活在人口替代率（replacement fertility）過低的國家中。人口替代率代表的是每位婦女要生幾個孩子，才能避免人口縮減。在先進國家，一個女性平均要生二・一個子女才能替代父母——小數點後的數字是為了抵銷早夭率。如果在開發中國家，每位女性需要生三・四個子女才能抵銷嬰兒死亡率，而全世界的平均替代率則是二・三。

目前澳洲、加拿大、日本、南韓、紐西蘭和所有歐洲國家，都正面臨著人口替代不足的問題。美國的人口替代率一直頗為穩定，不過這主要是因為來自開發中國家的移民仍保留著多生多養以維持族群存續的習性。

然而，開發中國家也面臨著人口替代不足的問題，巴西、中國、哥斯大黎加、伊朗、黎巴嫩、新加坡、泰國、突尼西亞和越南的生育率也持續下滑。

各國政府都正努力阻止國家變成無人居住的鬼城，其中最有名的措施，就是德國在敘利亞危機時開放邊境，接受所有難民。丹麥則是請了性感的模特兒拍攝廣告，鼓勵國民「為丹麥做愛」。平均生育數僅有〇・七八的新加坡選擇和曼陀珠公司合作（有人還會唱「薄荷心情，清新舒暢」嗎？），在「國民之夜」中敦促已婚夫妻像可樂加了曼陀珠一樣「用力噴灑愛國心」。南韓與俄羅斯的做法就比較合理：韓國夫妻如果生第二胎就可以獲得獎金和獎狀，而俄國夫妻則有機會得到電冰箱。

躺著就能享受一切

逐漸普及的虛擬實境也有可能讓人類陷入衰退，甚至滅亡。這種技術可以創造出迷人的體驗，將使用者傳送到比現實更令人心炫神迷的所在，成為另一個宇宙的英雄，而且無須等待。

目前的虛擬實境還是以影像和聲音為主，但其他感官模式應該也很快就會問世。比如說，新加坡的研究人員就宣稱已經開發出了「數位味覺刺激器」。這種裝置會以電極將電流和熱量傳到舌頭上，藉著調整電流和熱流的量，就可以讓舌頭感受到鹹味、酸味和苦味。還有些研究團隊也成功模擬出了甜味。只要科學家掌握所有味道，就能以不同比例創造這些味覺，讓舌頭體驗到幾乎所有食物的味道。不過，由於我們感受的味道有很大一部分是由氣味決定的，所以也有人發明了能模擬各種氣味的擴散器。還有人發明了一種「骨傳導轉換器」，宣稱可以「模仿由嘴巴經軟組織和骨頭傳往鼓膜的咀嚼聲」。

最近，就連觸覺也終於可以模擬了，這讓虛擬實境製造商可以模擬性愛，而色情又是所有新媒體發展的主要動力，過去的錄影帶、光碟和高速網路都是如此。畢竟，如果所有性幻想都可以成真，為什麼還要找一個固定、不完美又難搞的伴侶做愛？當色情作品可以提供觸覺享受，就會更容易讓人上癮。最近市場上已經出現了可以和虛擬實境影片同步刺激生殖器的設備——本質上就是電腦操縱的性愛玩具。性愛玩具的市場非常大，在二〇一六年，這個市場規模約為一百五十億美元，到了二〇二〇年，有望成長至五百億美元。

再過不久，我們就可以用評分告訴電腦，我們喜歡它製造的哪些體驗，就像我們幫音樂或書籍評分一樣。電腦會變得超級擅長滿足我們的欲望，沒有任何人類可以與之競爭。隨著局部刺激技術成熟，虛擬觸覺緊身衣也將緊接著問世，讓我們能用所有感官體驗虛擬性愛，又不用負擔性愛的不便。人類現在就已經不太想生小孩了，等到虛擬實境更為成熟，人類還能不能存續實在很令人擔心。

有了虛擬實境，人類很可能會自願步入長夜。

大腦裡的多巴胺會告訴我們，這是有史以來最美妙的東西。

想要得救，我們只有一條路能走：尋求中庸、克服對「更多、更好」的癡迷、學會欣賞現實無盡的複雜性，並專心享受手裡擁有的事物。

第七章 和諧

欲織羅錦，於絲毫起；欲得廣廈，於基礎起；欲為聖賢，於有處起。

——聖奧古斯丁

一日之計最難的地方，就是每天醒來，我都在改進世界與享受人生之間躊躇。

——埃爾文．布魯克斯．懷特（E. B. White），《夏綠蒂的網》作者

總結時間。

關於多巴胺和「當下分子」的平衡。

多巴胺和「當下分子」的微妙平衡

有個中年男人得了憂鬱症。身心醫生注意到他除了悲傷和絕望以外，還對未來有著不健康的執著。他覺得一切都有可能出錯，總是擔心著未知的災難。這些擔憂吸乾了他的精力，內心也變得脆弱易感。稍被挑釁，他就會大發雷霆；他無法搭火車上班，因為其他乘客的推擠甚至碰觸都令他難以忍受；他的妻子有時甚至會在凌晨三點被他的啜泣聲驚醒。他說：「一般人車子爆胎會打給道路救援，我會打給自殺防治熱線。」

他接受了標準的憂鬱症療程，也就是靠藥物改變大腦使用血清素的方式，而且反應很好。血清素是一種跟此處當下有關的神經傳導物質；只不過花了一個月，他的情緒就逐漸好轉，再次變得愉快、開朗。他變得更積極，更能享受生活中的美好，而他的妻子也因而感到解脫。於是，他開始好奇更高劑量的藥物會有什麼效果，而他的醫生也同意了。他在下次就診時告訴醫生：「我覺得太開心了，我根本什麼都不用做就很開心，早上起床完全沒有意義。」經過討論，他和醫生一致同意調整回先前的劑量，而他的情緒也恢復了平衡。

這位患者對血清素抗憂鬱劑的劇烈反應並不常見，只有少數帶有特定基因，又生活在特定環境中的人才會這樣。但他的案例確實說明了過度關注未來和過度享受當下都會讓人荒廢生活。

打一開始，多巴胺和「當下分子」就是相輔相成的關係。它們雖然功能相反，卻還是要合作才能維持大腦細胞運作。但這兩個系統其實常常失去平衡，變成多巴胺主導的局面。現代世界讓我們不得不依靠多巴胺，但是多巴胺過量難免會造成災難，而增加「當下分子」又可能會讓人變成幸福的廢物——要拚命工作忽略家庭，或是躲在家裡面裡呼麻？這是個值得考慮的問題。不，兩者都不能讓我們快樂，也不能令我們成長。想要美好的人生，我們得找出平衡之道。

我們的本能都知道極端的生活絕不健康；或許就是這樣，才有那麼多故事都在描述主角如何從一開始的耽溺快樂或盲目進取，走向平衡之道的結局。電影《阿凡達》（*Avatar*）的主角一開始就是被多巴胺控制了。身為前海陸士兵的傑克被採礦公司僱用前往潘朵拉衛星，在開發過程中擔任安全人員。該衛星布滿原始森林，住著和自然和諧相處的類人種族納美人，他們信奉著名為「伊娃」（Eywa）的大地之母。這可以說是多巴胺與「當下分子」爭鬥的經典敘事。

為了盡可能挖出更多資源，採礦公司打算摧毀擋路的「靈魂之樹」。傑克被這個計畫震撼了，於是他拒絕了自己腦中高濃度多巴胺的影響，加入重視此處當下的納美人，與部落成員發展出緊密的關係。傑克結合了自己的高多巴胺性格和從納美人身上學到的合作能力，組織眾人戰勝採礦公司的保全部隊。最後在靈魂之樹的幫助下，傑克成為了納美人的一員，達到平衡的境界。

一九八〇年代的經典電影《你整我，我整你》（*Trading Places*）則是從反方向來探討平衡之道。艾迪・墨菲（Eddie Murphy）飾演的比利・雷・瓦倫丁是一名毫無責任感的流浪漢，生活懶惰、放縱，從不為明天打算。他被選中成為一場實驗的對象，和丹・艾克洛德（Dan Aykroyd）飾演的富商路易斯・溫索普三世交換生活，此人的性格完全是他的反面。有錢以後，比利開始拒斥過去游手好閒的生活，變得愈來愈有責任感。在一場戲裡，他邀請老朋友來家裡作客，結果對他們吐在波斯地毯上的舉止異常光火——這本來是街頭生活中司空見慣的事情。在電影最後，他精心策畫了一個發財計畫，不但從此過著無憂無慮的生活，還學會了過去所沒有的能力。

但我們一般人要如何找到平衡呢？大部分的人都不太可能放棄現代生活去加入一個拜樹教派，所以我們必須用其他方式尋找平衡。單靠多巴胺是永遠無法滿足的，因為它的存在意義就不是為了讓人感到滿足，就像鐵鎚的發明目的不是為了鎖螺絲一樣。然而，多巴胺卻一再向我們保證，滿足就在不遠的地方，只要再吃一個甜甜圈、再升一次官、再征服一片土地就可以了。那我們該如何從這個倉鼠滾輪裡解脫呢？說真的，解脫並不容易，但的確有其法門。

精通技能的喜悅

「精通技能」（mastery）是在某類情境中獲取最大回報的能力，比如玩《小精靈》、打壁球、煮法式料理或是幫複雜的電腦程式除錯。從多巴胺的角度來看，精通技能是一件值得渴望和追求的事情。但精通技能比我們平常渴望的好事更有深度，因為它的獎勵不僅是食物、新同伴，或是擊敗競爭對手，而是踏入究極境界，抵達多巴胺真正的目標。當你徹底精通一項技能時，即使是多巴胺本身也會得到滿足，因為你已經榨乾了最後一滴資源、得到了一切。再也沒有未來可以追求，只有現在，只有當下。走到這一步，即便是多巴胺也會向此處當下臣服，因為它已經完成了所有工作，必須交出一切，任由「當下分子」接管腦中幸福迴路。在這一刻，多巴胺會被滿足感征服。它必須接受現實，接受所有的工作都完成了，它已經找到了最美好的享受。

精通技能還會形成心理學家所謂的**內在控制觀**（internal locus of control），也就是當事人傾向認為，自己的選擇和經歷都是出於自己的意志，而非命運、機遇或他人擺布。這種感覺很美好，因為多數人都不喜歡被自己無法控制的力量左右。比如飛行員普遍都認為，如果碰到惡劣的天氣，坐在駕駛艙的感覺會比待在機艙好很多。人們開車碰到暴風雪時，普遍也希望自己能握著方向盤，而不是縮在副駕駛座上。內部控制觀不只令人感覺良好，也會讓人表現更好。內部控制觀強烈的人學歷往往比較高，也更容易獲得高薪工作。

相反地，**外部控制觀**（external locus of control）會導致較為消極的人生觀。這類人或許過得開心、放鬆、隨和，但同時也常把自己的失敗怪到別人頭上，也比較不習慣時時刻刻盡最大努力。這種人也常讓醫生感到挫折，因為他們不但常忽視醫療建議，也比較不願意規律服藥、選擇健康的生活方式。簡單來說，他們比較不願意為自己的健康負責。而擁有內部控制觀和滿足感（即使只能維持一會兒）一樣，都是精通某種活動的好處之一。只是想精通一項活動，必須花費大量的時間、努力與心力，還必須走出舒適圈。學鋼琴的人熟悉一首曲子後，就必須開始練習更難的作品。這條路雖不好走，卻能帶來更多樂趣，只要不放棄，最後永遠都是值得的。因為努力精通一項技能，會讓我們發覺自己的熱情所在，完全沉浸於這條迷人的長路。

欣賞現實生活

你刷牙的時候都在想些什麼？應該不是要怎麼刷牙吧？也許是等一下、這禮拜，或是過一陣子以後的待辦事項。但為什麼呢？也許是因為習慣，也許是因為焦慮，也許是因為你害怕不思考這些就會漏掉什麼。但你或許應該放下這種擔心，因為專心做好手中的事，反而會讓你更不容易忘記重要的事，甚至還會想起一些意料之外的事。

前面說過，當我們預測錯誤，並發現預期之外的好結果時，多巴胺反而會給予更多獎勵。但矛盾的是，多巴胺永遠都在努力讓預測更精準。驚喜之所以讓人格外愉快，是因為多巴胺迴路喜歡知道有哪些預期外的新東西可以讓人的生活更美好。但意想不到的新資源也意味著原本沒有充分利用周圍的環境，所以多巴胺會想盡辦法讓令人感覺良好的驚喜不再發生。換句話說，多巴胺消滅了自己的快樂，只是為了提高我們的生存機會，這也無可厚非。不過有沒有辦法讓驚喜持續出現呢？

事實上，我們能預測的只有腦中的想像，現實生活中到處都是意想不到的資源。我們習慣在腦中不斷檢視已知的資訊，但有時也會冒出一些驚人的原創想法。只是這些創意並不常見，而且通常都是在我們關注其他事情，而非刻意將創造力用於手頭任務時出現的。

因此關注現實，也就是專心完成此刻實際進行的任務，才能拓寬腦中處理資訊的通道。當我們專注在此處當下，身體就能蒐集到更多更廣的情報，多巴胺也會有更多素材可以建立模型，以便精準預測未來、想出更多新計畫。

有趣的事情會活化多巴胺系統，迅速扭轉我們的注意力。如果我們先打開「當下分子」系統，將心力聚焦於外在，那麼注意力扭轉的幅度也會更大，讓知覺經驗變得更強烈。比如在國外逛街時，周圍的一切都會比平常在國內更有趣，就連平凡的大樓、樹木和商店也不例外。新奇的環境會讓感官接收到的訊息變得更鮮明，這也是旅行最大的樂趣之一。同樣的道理可以反過來看：此處當下的感官刺激，特別是複雜環境（或稱做**豐富環境**〔enriched environment〕）中的感官刺激，可以讓大腦中受多巴胺驅動的認知區域更活躍。而在各種不同的環境之中，大自然通常是最複雜、最豐富的。

走出戶外休息一下……

大自然中有著無數系統，每個系統內部和系統之間都存在著非常複雜的互動關係。當這麼多彼此影響的元素湊在一起，就會不斷湧現出令人意想不到的模式，等著我們不斷去探索。而大自然同時也蘊藏著教人屏息的美麗，能夠令我們感到寧靜。墨爾本大學的凱特・李博士（Dr. Kate Lee）曾率領研究團隊分析環境對認知的影響。發現光是觀看大自然的照片，就能造成驚人的改變。

團隊找了一群學生來進行專注力測驗，要他們一看到螢幕上出現數字就按下按鍵，只有出現「3」時不能按。螢幕上總共會出現兩百二十五次數字，每次只有不到一秒的反應時間，想完美通過需要有強大的毅力和專注力。測驗結束後，研究人員會讓學生看一張屋頂花園或水泥屋頂的照片，告訴他們四十秒後將開始第二次測驗。

如果學生休息時看的是長滿花草的屋頂花園，第二次測驗的出錯次數會少很多；但如果看的是單調的水泥屋頂，進步幅度就不會那麼明顯。研究團隊推測，這可能是因為大自然會同時刺激欲望迴路「皮質下刺激系統」（subcortical arousal）和控制迴路「皮質注意力控制系統」（cortical attention control）。《華盛頓郵報》的一名記者報導了這項研究，指出「世界各地愈來愈流行在城市建築的屋頂上種植花草樹木……（臉書）最近就在加州門洛帕克的辦公室頂樓設置了一個九英畝的大型花園。」這種建築工法利用了「當下分子」來刺激多巴胺，不但對員工的心靈有益，也對公司的帳目有益。

……但切勿一心多用

幾乎所有經驗都會在全神貫注時變得更好。

——凱莉．麥格尼嘉（Kelly McGonigal），史丹佛商學院管理學講師

無論那些科技狂怎麼說，要同時專心處理不同任務，也就是他們講的「多工處理」（multitasking）都是不可能的。如果你想同時做兩件事，比如說一邊講電話一邊看郵件的話，就必須在兩件事之間來回切換注意力，最後兩件事都做得不怎麼樣。有時候你需要停止閱讀，才能聽清楚電話那邊在說什麼，有時候又得關上耳朵，才能專心讀信。而且對方一定會知道，因為不專心的表現很明顯，更何況你還會漏掉重要的細節。一心多用不會增加工作效率，只會讓效率更差。

替火狐（Firefox）四．〇瀏覽器設計介面的使用者體驗專家阿薩．拉斯金（Aza Raskin）曾舉過一個例子：試著唸出「Jewelry is shiny」的每一個字母，同時寫下你自己的名字，並計算你花了多少時間。接下來換成先唸完「Jewelry is shiny」的每一個字母，再寫下你自己的名字。這次又花了多少時間？可能只有「多工處理」時的一半。

而且多工處理也會讓人更容易犯錯。雖然同時講電話和讀郵件只需要短短幾秒切換注意力，但換做其他需要高度專注的工作，這幾秒鐘的時間就足以讓犯錯機率倍增。因為除了分

心以外，切換注意力還會消耗腦力，讓人更難專注。儘管如此，多工處理還是很誘人，對於用電腦工作的人來說更是如此。

加州大學爾灣分校（University of California, Irvine）曾與麻省理工學院和微軟公司合作，追蹤了長時間上網者的工作習慣。這些人平均只需要四十七秒，就可以切換到不同任務，一整天工作下來可以超過四百次。團隊發現切換時間短的人普遍覺得壓力更大，完成的任務也更少；如果要這樣毫無意義地重複四百次「切換任務」的動作，還不如一個任務完成後再展開下一個任務。而且壓力不只會降低生產力，還會讓人身心俱疲。

活在未來的代價高昂

想在抽象、虛幻、未來充滿可能性的多巴胺世界生活，就必須付出幸福快樂做為代價。哈佛大學的研究人員為了解恍神（wandering mind）和快樂之間的關係，從八十三個國家募集了超過五百名志願者。團隊設計了一個應用程式，請志願者即時回報他們在日常活動中的想法、感受和行為。

該程式會不定時通知使用者，要求提供研究資料。裡面的問題包括：「現在心情如何？」、「在幹嘛？」和「除了現在做的事，你還有在想什麼嗎？」每個人被問到最後一題時，大約有一半的時間會回答「有」，而且跟當下做什麼活動無關——除了做愛以外，絕大多數的人做愛都很專心。由於想其他事情的頻率這麼高，研究人員認為便認為恍神，也就是科學家所謂「不是由刺激引起的思緒」，其實是大腦的預設模式。

接著，研究人員又檢視了志願者的心情，發現人們在恍神時通常比較不快樂，而且這也跟活動的類型無關。不管是在用餐、工作、看電視還是聊天抬槓，只要他們有專心在當下的活動上，心情都會比較愉悅。研究人員總結：「人類的大腦隨時都在恍神，但恍神時的大腦也比較不快樂。」

就算是多巴胺系統強到只在乎成就、不在乎快樂的人也一樣。不管多麼聰明、有創意，只要沒有來自此處當下的感官素材，單靠多巴胺迴路還是什麼也辦不到。

米開朗基羅的《聖殤像》（*Pietà*）以懷抱死去兒子的聖母瑪利亞為題，強而有力地傳達出悲傷和認命的抽象概念。但呈現這些概念的，仍然要靠堅硬的大理石。若不是米開朗基羅曾親眼研究過現實中的女性、曾親身體會真正的悲傷，就不可能想出這個形象，也不可能在聖母哀憐的神情中，表現出理想化的女性氣質。

解決問題和獲得最多回報的感覺非常美好。但我們需要花時間活在當下，用感官從現實中蒐集各種資訊，多巴胺系統才能利用這些資訊，計畫如何獲取最多回報。我們需要讓事物在我們心中留下印象，讓它激發新的想法，以便找出新方法，解決我們所面對的問題。所謂驚喜就是體驗前所未見的事物，而創造所帶來的體驗永遠都是全新的，所以多巴胺系統永遠不會對此感到厭倦。

融合！

創造可以是多巴胺和「當下分子」的完美合作。在第四章，我們討論過一種涉及拆解既有模型的創造活動。當人們投身於這種非凡的創造活動，往往會沉迷於自己的創作、研究或工作，拒斥家人和朋友等生活中的其他面向。他們多半很孤獨，執迷於自己的興趣，無法得到滿足。這是因為他們的大腦已經被多巴胺給支配，「當下分子」迴路無處施力。但是，一般人還是可以從事比較普通、促進平衡的創造活動，不用擔心被多巴胺給支配。

木工、編織、繪畫、裝潢和縫紉等活動似乎已經過時，在現代社會中幾乎吸引不到注意力——然而這正是重點所在。這些活動不需要智慧型手機，也不需要高速網路，而是需要大腦和雙手合作，以創造新的事物。在這些活動中，我們要用想像力構築藍圖，思考出執行計畫，然後用雙手將它實現。

有個人在金融業的擔任高階主管，他每天思考的都是股票選擇權、衍生性金融商品、外幣匯率和其他想像中的怪物。這讓他雖然富有，卻覺得自己活得非常可悲。為了解決這種感覺，他去看了身心科；不出幾個月，他就重拾了多年前對繪畫的熱情。「我每天都期待著下班回家，」他告訴醫生，「昨天晚上我在畫室待了四個小時，完全沒注意到時間飛逝。」

當然，不是每個人都有時間或有興趣學習繪畫，但這不代表我們沒有機會創造美。前幾年很流行成人著色本，甚至有很多人畫到無法自拔。雖然聽起來有點好笑，畢竟著色本通常是為兒童設計的，但在格子裡上色確實可以緩解壓力，幫人逃離被多巴胺掌控的失衡生活。為成人設計的著色本通常是以美麗、抽象的幾何圖形為主題，在滿足感官體驗的同時，也能滿足多巴胺對抽象世界的熱情。

兒童也同樣需要實際用手實作。二〇一五年《時代》雜誌刊登了一篇文章，題為〈學校需要恢復工藝課〉（Why Schools Need to Bring Back Shop Class）。在經過學術課程的嚴酷磨難後，用鋸子和鑽頭製造一些新鮮的木屑香氣，會讓心情輕鬆很多。但就像受訪老師所說的一樣，現在已經很少學生能體會把木頭打磨到「跟嬰兒屁屁一樣光滑」的樂趣，也不曾見過鳥屋在手裡逐漸完成的奇蹟了。但「這是我做的」這句話，確實會讓人像踏進綠洲一樣，感受到心靈祥和。

以前美國很多人家的車庫裡都會有座工作臺，那邊通常是老爸的聖地。現在家裡長這樣的人比較少了，但居家修繕的樂趣並沒有隨時代減退。畢竟有東西要修就代表有問題要解決，這需要有多巴胺負責規畫，還要有「當下分子」負責實現。而且有時候家裡不見得有工具或材料，這時就得發揮創意，比如說用指甲刀來剪電線。把東西修好也可以增強自我效能感和控制感，等於是用「當下分子」系統滿足多巴胺迴路。

烹飪、園藝和體育活動也都結合了心智刺激和身體活動，能夠讓我們感到滿足、完整，而且做一輩子也不會厭倦。買下昂貴的瑞士手表可能會讓你的多巴胺迴路爽好幾個禮拜，但刺激過了以後，它終究只是一支手表。榮升區域經理一開始也許令人期待，但說到底上班就是上班，遲早都會變成老樣子。但是創造活動不同，它結合了多巴胺和「當下分子」，融合了多巴胺的愉悅和此處當下的滿足，就像將焦炭加入鐵水，鍛造成既堅硬又強韌的精鋼一樣。

只可惜多數人都不會刻意去學習繪畫、寫歌或是做模型飛機，或許是因為這些活動都不夠實際，不但一開始很困難，學會了既賺不了錢，更無法保證我們能有光明的前程，只能讓我們感到開心而已。

力量就在我們手中

二〇一五年，專攻提升員工敬業度的顧問公司 TINYpulse 對五百多家公司的三萬多名員工進行過一次調查，內容包括員工對管理階層、同事和個人發展的看法。不過他們真正要調查的其實是員工的幸福感。

TINYpulse 強調市場上從來沒有過這種調查，企業管理顧問普遍不太重視幸福感，但 TINYpulse 認為幸福感對公司的發展至關重要，因此決定研究各行各業的幸福感；調查對象包括人人嚮往的科技、金融和生物科技領域，但這些產業的員工並不是最幸福的。最幸福的是建築工人。

建築工人需要理解抽象計畫，將之化為現實。他們的工作會同時用到大腦和雙手，還需要深厚的同事情誼。根據 TINYpulse 的問卷，建築工人之所以感到幸福，最常見的原因是：「我的同事都是些了不起的傢伙。」有位建築工頭說：「每天下班後，我們會一起去喝幾杯放鬆一下，把開心的不開心的事都講出來，讓大家更團結。」也就是說，幸福職場最重要的其實是附屬於工作環境的關係，這項工作與友誼、多巴胺和「當下分子」相輔相成。

建築工人覺得幸福的另一個理由則是跟多巴胺有關：工作內容跟計畫很令人期待。調查報告的作者還指出，二〇一四年的建築業成長強健，讓工人的薪資大幅成長，這一點顯然也刺激了多巴胺迴路。我們既需要多巴胺，也需要「當下分子」，才能獲得幸福，也就是哲學家亞里斯多德所謂「一切目標的終極目標」。

❊

多巴胺迴路使我們成為萬物之靈，讓人類擁有不同於其他物種的力量，讓我們能夠思考、計畫、想像。我們因此能夠思索真理、正義與美等抽象概念。在多巴胺迴路中，我們可以超越時間與空間的阻礙。這些能力讓我們就算在最惡劣的環境也能繁榮興旺，甚至還能幫助我們前往外太空。但是，多巴胺迴路也可能讓我們走上另一條黑暗的道路，一條通往成癮、背叛與痛苦的道路。如果我們渴望走向偉大，或許就必須接受，我們永遠沒有辦法逃離痛苦。因為當其他人享受家人和朋友的陪伴時，我們卻會被無法滿足的情緒逼著繼續工作。

但如果想追求幸福充實的人生，那就是另一回事了，我們必須追求和諧。我們必須克服刺激感無休無止的誘惑，捨棄我們對更多、更好的無盡渴望。只要結合多巴胺和「當下分子」，就可以成就這種和諧。一直讓多巴胺火力全開，並不是前往美好未來最快的道路。我們需要感官現實和抽象思維的合作，才能發揮大腦所有的潛力。當大腦發揮所有潛力，就不僅可以產生幸福和滿足，也不只能帶來知識與財富，還能使感官體驗和深遠智慧融合成更豐富的東西，幫助我們走上更平衡的道路，擁有更平衡的人生。

延伸閱讀

第一章　愛情

Fowler, J. S., Volkow, N. D., Wolf, A. P., Dewey, S. L., Schlyer, D. J., MacGregor, R. R., . . . Christman, D. (1989). Mapping cocaine binding sites in human and baboon brain in vivo. *Synapse*, *4*(4), 371–377.

Colombo, M. (2014). Deep and beautiful. The reward prediction error hypothesis of dopamine. *Studies in History and Philosophy of Science Part C: Studies in History and Philosophy of Biological and Biomedical Sciences, 45,* 57–67.

Previc, F. H. (1998). The neuropsychology of 3-D space. *Psychological Bulletin*, *124*(2), 123.

Skinner, B. F. (1990). *The behavior of organisms: An experimental analysis*. Cambridge, MA: B. F. Skinner Foundation.

Fisher, H. E., Aron, A., & Brown, L. L. (2006). Romantic love: A mammalian brain system for mate choice. *Philosophical Transactions of the Royal Society of London B: Biological Sciences, 361*(1476), 2173–2186.

Marazziti, D., Akiskal, H. S., Rossi, A., & Cassano, G. B. (1999). Alteration of the platelet serotonin transporter in romantic love. *Psychological Medicine, 29*(3), 741–745.

Spark, R. F. (2005). Intrinsa fails to impress FDA advisory panel. *International Journal of Impotence Research, 17*(3), 283–284.

Fisher, H. (2004). *Why we love: The nature and chemistry of romantic love*. New York: Macmillan.

Stoléru, S., Fonteille, V., Cornélis, C., Joyal, C., & Moulier, V. (2012). Functional neuroimaging studies of sexual arousal and orgasm in healthy men and women: A review and meta-analysis. *Neuroscience & Biobehavioral Reviews, 36*(6), 1481–1509.

Georgiadis, J. R., Kringelbach, M. L., & Pfaus, J. G. (2012). Sex for fun: A synthesis of human and animal neurobiology. *Nature Reviews Urology, 9*(9), 486–498.

Garcia, J. R., MacKillop, J., Aller, E. L., Merriwether, A. M., Wilson, D. S., & Lum, J. K. (2010). Associations between dopamine D4 receptor gene varia- tion with both infidelity and sexual promiscuity. *PLoS One, 5*(11), e14162.

Komisaruk, B. R., Whipple, B., Crawford, A., Grimes, S., Liu, W. C., Kalnin, A., & Mosier, K. (2004). Brain activation during vaginocervical self-stimulation and orgasm in women with complete spinal cord injury: fMRI evidence of mediation by the vagus nerves. *Brain Research, 1024*(1), 77–88.

第二章　精神性藥物

Pfaus, J. G., Kippin, T. E., & Coria-Avila, G. (2003). What can animal models tell us about human sexual response? *Annual Review of Sex Research*, 14(1), 1–63.

Fleming, A. (2015, May–June). The science of craving. *The Economist 1843*. Retrieved from https://www.1843magazine.com/content/features/wanting-versus-liking

Study with "never-smokers" sheds light on the earliest stages of nicotine dependence. (2015, September 9). *Johns Hopkins Medicine*. Retrieved from https://www.hopkinsmedicine.org/news/media/releases/study_with_never_ smokers_sheds_light_on_the_earliest_stages_of_nicotine_dependence

Rutledge, R. B., Skandali, N., Dayan, P., & Dolan, R. J. (2015). Dopaminergic modulation of decision making and subjective well-being. *Journal of Neuroscience*, 35(27), 9811–9822.

Weintraub, D., Siderowf, A. D., Potenza, M. N., Goveas, J., Morales, K. H., Duda, J. E.,... Stern, M. B. (2006). Association of dopamine agonist use with impulse control disorders in Parkinson disease. *Archives of Neurology*, 63(7), 969–973.

Moore, T. J., Glenmullen, J., & Mattison, D. R. (2014). Reports of pathological gambling, hypersexuality, and compulsive shopping associated with dopamine receptor agonist drugs. *JAMA Internal Medicine*, 174(12), 1930–1933.

Ian W. v. Pfizer Australia Pty Ltd. Victoria Registry, Federal Court of Australia, March 10, 2012.

Klos, K. J., Bower, J. H., Josephs, K. A., Matsumoto, J. Y., & Ahlskog, J. E. (2005). Pathological hypersexuality predominantly linked to adjuvant dopamine agonist therapy in Parkinson's disease and multiple system atrophy. *Parkinsonism and Related Disorders*, 11(6), 381–386.

Pickles, K. (2015, November 23). How online porn is fueling sex addiction: Easy access to sexual images blamed for the rise of people with compul- sive sexual behaviour, study claims. *Daily Mail*. Retrieved from http://www.dailymail.co.uk/health/article-3330171/How-online-porn-fuelling-sex-addiction-Easy-access-sexual-images-blamed-rise-people-compulsive-sexual-behaviour-study-claims.html

Voon, V., Mole, T. B., Banca, P., Porter, L., Morris, L., Mitchell, S., . . . Irvine, M. (2014). Neural correlates of sexual cue reactivity in individuals with and without compulsive sexual behaviors. *PloS One*, 9(7), e102419.

Dixon, M., Ghezzi, P., Lyons, C., & Wilson, G. (Eds.). (2006). *Gambling: Behavior theory, research, and application*. Reno, NV: Context Press.

National Research Council. (1999). *Pathological gambling: A critical review*. Chicago:

Author.
Gentile, D. (2009). Pathological video-game use among youth ages 8 to 18: A national study. *Psychological Science*, 20(5), 594–602.
Przybylski, A. K., Weinstein, N., & Murayama, K. (2016). Internet gaming disorder: Investigating the clinical relevance of a new phenomenon. *American Journal of Psychiatry*, 174(3), 230–236.
Chatfield, T. (2010, November). Transcript of "7 ways games reward the brain." Retrieved from https://www.ted.com/talks/tom_chatfield_7_ways_games_reward_the_brain/transcript?language=en
Fritz, B., & Pham, A. (2012, January 20). Star Wars: The Old Republic—the story behind a galactic gamble. Retrieved from http://herocomplex.latimes.com/games/star-wars-the-old-republic-the-story-behind-a-galactic-gamble/
Nayak, M. (2013, September 20). Grand Theft Auto V sales zoom past $1 billion mark in 3 days. Reuters. Retrieved from http://www.reuters.com/article/entertainment-us-taketwo-gta-idUSBRE98J0O820130920
Ewalt, David M. (2013, December 19). Americans will spend $20.5 billion on video games in 2013. *Forbes*. Retrieved from https://www.forbes.com/sites/davidewalt/2013/12/19/americans-will-spend-20-5-billion-on-video-games-in-2013/#2b5fa4522c1e

第三章 主導之戰

MacDonald, G. (1993). *The light princess: And other fairy tales*. Whitethorn, CA: Johannesen.
Previc, F. H. (1999). Dopamine and the origins of human intelligence. *Brain and Cognition, 41*(3), 299–350.
Salamone, J. D., Correa, M., Farrar, A., & Mingote, S. M. (2007). Effort-related functions of nucleus accumbens dopamine and associated forebrain circuits. *Psychopharmacology, 191*(3), 461–482.
Rasmussen, N. (2008). *On speed: The many lives of amphetamine*. New York: NYU Press.
McBee, S. (1968, January 26). The end of the rainbow may be tragic: Scandal of the diet pills. *Life Magazine*, 22–29.
PsychonautRyan. (2013, March 9). Amphetamine-induced narcissism [Forum thread]. Bluelight.org. Retrieved from http://www.bluelight.org/vb/threads/689506-Amphetamine-Induced-Narcissism?s=e81c6e06edabb-cf704296e266b7245e4
Tiedens, L. Z., & Fragale, A. R. (2003). Power moves: Complementarity in dominant and submissive nonverbal behavior. *Journal of Personality and Social Psychology, 84*(3), 558–568.

Schlemmer, R. F., & Davis, J. M. (1981). Evidence for dopamine mediation of submissive gestures in the stumptail macaque monkey. *Pharmacology, Biochemistry, and Behavior, 14*, 95–102.

Laskas, J. M. (2014, December 21). Buzz Aldrin: The dark side of the moon. *GQ*. Retrieved from http://www.gq.com/story/buzz-aldrin

Cortese, S., Moreira-Maia, C. R., St. Fleur, D., Morcillo-Peñalver, C., Rohde, L. A., & Faraone, S. V. (2015). Association between ADHD and obesity: A systematic review and meta-analysis. *American Journal of Psychiatry, 173*(1), 34–43.

Goldschmidt, A. B., Hipwell, A. E., Stepp, S. D., McTigue, K. M., & Keenan, K. (2015). Weight gain, executive functioning, and eating behaviors among girls. *Pediatrics, 136*(4), e856–e863.

O'Neal, E. E., Plumert, J. M., McClure, L. A., & Schwebel, D. C. (2016). The rolc of body mass index in child pedestrian injury risk. *Accident Analysis & Prevention, 90,* 29–35.

Macur, J. (2014, March 1). End of the ride for Lance Armstrong. *The New York Times*. Retrieved from https://www.nytimes.com/2014/03/02/sports/cycling/end-of-the-ride-for-lance-armstrong.html

Schurr, A., & Ritov, I. (2016). Winning a competition predicts dishonest behavior. *Proceedings of the National Academy of Sciences, 113*(7), 1754–1759.

Trollope, A. (1874). *Phineas redux*. London: Chapman and Hall.

Power, M. (2014, January 29). The drug revolution that no one can stop. *Matter*. Retrieved from https://medium.com/matter/the-drug-revolution-that-no-one-can-stop-19f753fb15e0#.sr85czt5n

Baumeister, R. F., Bratslavsky, E., Muraven, M., & Tice, D. M. (1998). Ego depletion: Is the active self a limited resource? *Journal of Personality and Social Psychology, 74*(5), 1252–1265.

MacInnes, J. J., Dickerson, K. C., Chen, N. K., & Adcock, R. A. (2016). Cognitive neurostimulation: Learning to volitionally sustain ventral tegmental area activation. *Neuron, 89*(6), 1331–1342.

Miller, W. R. (1995). *Motivational enhancement therapy manual: A clinical research guide for therapists treating individuals with alcohol abuse and dependence*. Darby, PA: DIANE Publishing.

Kadden, R. (1995). *Cognitive-behavioral coping skills therapy manual: A clinical research guide for therapists treating individuals with alcohol abuse and dependence* (No. 94). Darby, PA: DIANE Publishing.

Nowinski, J., Baker, S., & Carroll, K. M. (1992). *Twelve step facilitation therapy manual: A clinical research guide for therapists treating individuals with alcohol abuse and depen- dence* (Project MATCH Monograph Series, Vol. 1). Rockville,

MD: U.S. Dept. of Health and Human Services, Public Health Service, Alcohol, Drug Abuse, and Mental Health Administration, National Institute on Alcohol Abuse and Alcoholism.

Barbier, E., Tapocik, J. D., Juergens, N., Pitcairn, C., Borich, A., Schank, J. R., ...Vendruscolo, L. F. (2015). DNA methylation in the medial prefrontal cortex regulates alcohol-induced behavior and plasticity. *The Journal of Neuroscience, 35*(15), 6153–6164.

Massey, S. (2016, July 22). An affective neuroscience model of prenatal health behavior change [Video]. Retrieved from https://youtu.be/tkng4mPh3PA

第四章　創意與瘋狂

Orendain, S. (2011, December 28). In Philippine slums, capturing light in a bottle. *NPR All Things Considered.* Retrieved from https://www.npr.org/2011/12/28/144385288/in-philippine-slums-capturing-light-in-a-bottle

Nasar, S. (1998). *A beautiful mind.* New York, NY: Simon & Schuster.

Dement, W. C. (1972). *Some must watch while some just sleep.* New York: Freeman.

Winerman, L. (2005). Researchers are searching for the seat of creativity and problem-solving ability in the brain. *Monitor on Psychology, 36*(10), 34.

Green, A. E., Spiegel, K. A., Giangrande, E. J., Weinberger, A. B., Gallagher, N. M., & Turkeltaub, P. E. (2016). Thinking cap plus thinking zap: tDCS of frontopolar cortex improves creative analogical reasoning and facilitates conscious augmentation of state creativity in verb generation. *Cerebral Cortex, 27*(4), 2628–2639.

Schrag, A., & Trimble, M. (2001). Poetic talent unmasked by treatment of Parkinson's disease. *Movement Disorders, 16*(6), 1175–1176.

Pinker, S. (2002). Art movements. *Canadian Medical Association Journal, 166*(2), 224.

Gottesmann, C. (2002). The neurochemistry of waking and sleeping mental activity: The disinhibition-dopamine hypothesis. *Psychiatry and Clinical Neurosciences, 56*(4), 345–354.

Scarone, S., Manzone, M. L., Gambini, O., Kantzas, I., Limosani, I., D'Agostino, A., & Hobson, J. A. (2008). The dream as a model for psychosis: An experimental approach using bizarreness as a cognitive marker. *Schizophrenia Bulletin, 34*(3), 515–522.

Fiss, H., Klein, G. S., & Bokert, E. (1966). Waking fantasies following interruption of two types of sleep. *Archives of General Psychiatry, 14*(5), 543–551.

Rothenberg, A. (1995). Creative cognitive processes in Kekulé's discovery of the structure of the benzene molecule. *American Journal of Psychology, 108*(3), 419–438.

Barrett, D. (1993). The "committee of sleep": A study of dream incubation for problem solving. *Dreaming, 3*(2), 115–122.

Root-Bernstein, R., Allen, L., Beach, L., Bhadula, R., Fast, J., Hosey, C., & Podufaly, A. (2008). Arts foster scientific success: Avocations of Nobel, National Academy, Royal Society, and Sigma Xi members. *Journal of Psychology of Science and Technology, 1*(2), 51–63.

Friedman, T. (Producer), & Jones, P. (Director). (1996). *NOVA: Einstein Revealed.* Boston, MA: WGBH.

Kuepper, H. (2017). Short life history: Hans Albert Einstein. Retrieved from http://www.einstein-website.de/biographies/einsteinhansalbert_content. html

James, I. (2003). Singular scientists. *Journal of the Royal Society of Medicine, 96*(1), 36–39.

第五章　政治

Verhulst, B., Eaves, L. J., & Hatemi, P. K. (2012). Correlation not causation: The relationship between personality traits and political ideologies. *American Journal of Political Science, 56*(1), 34–51.

Bai, M. (2017, June 29). Why Pelosi should go—and take the '60s generation with her. *Matt Bai's Political World.* Retrieved from www.yahoo.com/news/pelosi-go-take-60s-generation-090032524.html

Gray, N. S., Pickering, A. D., & Gray, J. A. (1994). Psychoticism and dopamine D2 binding in the basal ganglia using single photon emission tomography. *Personality and Individual Differences, 17*(3), 431–434.

Eysenck, H. J. (1993). Creativity and personality: Suggestions for a theory. *Psychological Inquiry, 4*(3), 147–178.

Ferenstein, G. (2015, November 8). Silicon Valley represents an entirely new political category. TechCrunch. Retrieved from https://techcrunch.com/2015/11/08/silicon-valley-represents-an-entirely-new-political-category/

Moody, C. (2017, February 20). Political views behind the 2015 Oscar nominees. CNN. Retrieved from http://www.cnn.com/2015/02/20/politics/oscars-political-donations-crowdpac/

Robb, A. E., Due, C., & Venning, A. (2016, June 16). Exploring psychological wellbeing in a sample of Australian actors. *Australian Psychologist.*

Wilson, M. R. (2010, August 23). Not just News Corp.: Media companies have long made political donations. *OpenSecrets Blog*. Retrieved from https://www.opensecrets.org/news/2010/08/news-corps-million-dollar-donation/

Kristof, N. (2016, May 7). A confession of liberal intolerance. *The New York Times*. Retrieved from http://www.nytimes.com/2016/05/08/opinion/sunday/a-confession-of-liberal-intolerance.html

Flanagan, C. (2015, September). That's not funny! Today's college students can't seem to take a joke. *The Atlantic*.

Kanazawa, S. (2010). Why liberals and atheists are more intelligent. *Social Psychology Quarterly, 73*(1), 33–57.

Amodio, D. M., Jost, J. T., Master, S. L., & Yee, C. M. (2007). Neurocognitive correlates of liberalism and conservatism. *Nature Neuroscience, 10*(10), 1246–1247.

Settle, J. E., Dawes, C. T., Christakis, N. A., & Fowler, J. H. (2010). Friendships moderate an association between a dopamine gene variant and political ideology. *The Journal of Politics, 72*(4), 1189–1198.

Ebstein, R. P., Monakhov, M. V., Lu, Y., Jiang, Y., San Lai, P., & Chew, S. H. (2015, August). Association between the dopamine D4 receptor gene exon III variable number of tandem repeats and political attitudes in female Han Chinese. *Proceedings of the Royal Society B, 282*(1813), 20151360.

How states compare and how they voted in the 2012 election. (2014, October 5). *The Chronicle of Philanthropy*. Retrieved from https://www.philanthropy.com/article/How-States-CompareHow/152501

Giving USA. (2012). *The annual report on philanthropy for the year 2011*. Chicago: Author.

Kertscher, T. (2017, December 30). Anti-poverty spending could give poor $22,000 checks, Rep. Paul Ryan says. Politifact. Retrieved from http://www.politifact.com/wisconsin/statements/2012/dec/30/paul-ryan/anti-poverty-spending-could-give-poor-22000-checks/

Giving USA. (2017, June 29). Giving USA: Americans donated an estimated $358.38 billion to charity in 2014; highest total in report's 60-year history [Press release]. Retrieved from https://givingusa.org/giving-usa-2015-press-release-giving-usa-americans-donated-an-estimated-358-38-billion-to-charity-in-2014-highest-total-in-reports-60-year-history/

Konow, J., & Earley, J. (2008). The hedonistic paradox: Is homo economicus happier? *Journal of Public Economics, 92*(1), 1–33.

Post, S. G. (2005). Altruism, happiness, and health: It's good to be good. *International Journal of Behavioral Medicine, 12*(2), 66–77.

Brooks, A. (2006). *Who really cares?: The surprising truth about compassionate conservatism.* Basic Books.

Leonhardt, D., & Quealy, K. (2015, May 15). How your hometown affects your chances of marriage. *The Upshot* [Blog post]. Retrieved from https://www.nytimes.com/

interactive/2015/05/15/upshot/the-places-that-discourage-marriage-most.html
Kanazawa, S. (2017). Why are liberals twice as likely to cheat as conservatives? *Big Think*. Retrieved from http://hardwick.fi/E%20pur%20si%20muove/why-are-liberals-twice-as-likely-to-cheat-as-conservatives.html
Match.com. (2012). Match.com presents Singles in America 2012. *Up to Date* [blog]. Retrieved from http://blog.match.com/sia/
Dunne, C. (2016, July 14). Liberal artists don't need orgasms, and other findings from OkCupid. Hyperallergic. Retrieved from http://hyperallergic.com/311029/liberal-artists-dont-need-orgasms-and-other-findings-from-okcupid/
Carroll, J. (2007, December 31). Most Americans "very satisfied" with their personal lives. Gallup.com. Retrieved from http://www.gallup.com/poll/103483/most-americans-very-satisfied-their-personal-lives.aspx
Cahn, N., & Carbone, J. (2010). *Red families v. blue families: Legal polarization and the creation of culture*. Oxford: Oxford University Press.
Edelman, B. (2009). Red light states: Who buys online adult entertainment? *Journal of Economic Perspectives, 23*(1), 209–220.
Schittenhelm, C. (2016). What is loss aversion? *Scientific American Mind, 27*(4), 72–73.
Kahneman, D., Knetsch, J. L., & Thaler, R. H. (1991). Anomalies: The endowment effect, loss aversion, and status quo bias. *Journal of Economic Perspectives, 5*(1), 193–206.
De Martino, B., Camerer, C. F., & Adolphs, R. (2010). Amygdala damage eliminates monetary loss aversion. *Proceedings of the National Academy of Sciences, 107*(8), 3788–3792.
Dodd, M. D., Balzer, A., Jacobs, C. M., Gruszczynski, M. W., Smith, K. B., & Hibbing, J. R. (2012). The political left rolls with the good and the political right confronts the bad: Connecting physiology and cognition to preferences. *Philosophical Transactions of the Royal Society B: Biological Sciences, 367*(1589), 640–649.
Helzer, E. G., & Pizarro, D. A. (2011). Dirty liberals! Reminders of physical cleanliness influence moral and political attitudes. *Psychological Science, 22*(4), 517–522.
Crockett, M. J., Clark, L., Hauser, M. D., & Robbins, T. W. (2010). Serotonin selectively influences moral judgment and behavior through effects on harm aversion. *Proceedings of the National Academy of Sciences, 107*(40), 17433–17438.
Harris, E. (2012, July 2). Tension for East Hampton as immigrants stream in. *The New York Times*. Retrieved from http://www.nytimes.com/2012/07/03/nyregion/east-hampton-chafes-under-influx-of-immigrants.html
Glaeser, E. L., & Gyourko, J. (2002). *The impact of zoning on housing affordability* (Working Paper No. 8835). Cambridge, MA: National Bureau of Economic

Research.
Real Clear Politics. (2014, July 9). Glenn Beck: I'm bringing soccer balls, teddy bears to illegals at the border. Retrieved from http://www.realclearpolitics.com/video/2014/07/09/glenn_beck_im_bringing_soccer_balls_teddy_bears_to_illegals_at_the_border.html
Laber-Warren, E. (2012, August 2). Unconscious reactions separate liberals and conservatives. *Scientific American*. Retrieved from http://www.scientificamerican.com/article/calling-truce-political-wars/
Luguri, J. B., Napier, J. L., & Dovidio, J. F. (2012). Reconstruing intolerance: Abstract thinking reduces conservatives' prejudice against nonnormative groups. *Psychological Science, 23*(7), 756–763.
GLAAD. (2013). *2013 Network Responsibility Index*. Retrieved from http://glaad.org/nri2013
GovTrack. (n.d.). Statistics and historical comparison. Retrieved from https://www.govtrack.us/congress/bills/statistics

第六章　進步

Huff, C. D., Xing, J., Rogers, A. R., Witherspoon, D., & Jorde, L. B. (2010). Mobile elements reveal small population size in the ancient ancestors of *Homo sapiens*. *Proceedings of the National Academy of Sciences, 107*(5), 2147–2152.
Chen, C., Burton, M., Greenberger, E., & Dmitrieva, J. (1999). Population migration and the variation of dopamine D4 receptor (DRD4) allele frequencies around the globe. *Evolution and Human Behavior, 20*(5), 309–324.
Merikangas, K. R., Jin, R., He, J. P., Kessler, R. C., Lee, S., Sampson, N. A., . . . Ladea, M. (2011). Prevalence and correlates of bipolar spectrum disorder in the World Mental Health Survey Initiative. *Archives of General Psychiatry, 68*(3), 241–251.
Keller, M. C., & Visscher, P. M. (2015). Genetic variation links creativity to psychiatric disorders. *Nature Neuroscience, 18*(7), 928.
Smith, D. J., Anderson, J., Zammit, S., Meyer, T. D., Pell, J. P., & Mackay, D. (2015). Childhood IQ and risk of bipolar disorder in adulthood: Prospective birth cohort study. *British Journal of Psychiatry Open, 1*(1), 74–80.
Bellivier, F., Etain, B., Malafosse, A., Henry, C., Kahn, J. P., Elgrabli-Wajsbrot, O.,... Grochocinski, V. (2014). Age at onset in bipolar I affective disorder in the USA and Europe. *World Journal of Biological Psychiatry, 15*(5), 369–376.
Birmaher, B., Axelson, D., Monk, K., Kalas, C., Goldstein, B., Hickey, M. B., . . . Kupfer, D. (2009). Lifetime psychiatric disorders in school-aged offspring of parents with bipolar disorder: The Pittsburgh Bipolar Offspring study. *Archives of General Psychiatry, 66*(3), 287–296.

Angst, J. (2007). The bipolar spectrum. *The British Journal of Psychiatry, 190*(3), 189–191.

Akiskal, H. S., Khani, M. K., & Scott-Strauss, A. (1979). Cyclothymic temperamental disorders. *Psychiatric Clinics of North America, 2*(3), 527–554.

Boucher, J. (2013). *The Nobel Prize: Excellence among immigrants*. George Mason University Institute for Immigration Research.

Wadhwa, V., Saxenian, A., & Siciliano, F. D. (2012, October). *Then and now: America's new immigrant entrepreneurs, part VII.* Kansas City, MO: Ewing Marion Kauffman Foundation.

Bluestein, A. (2015, February). The most entrepreneurial group in America wasn't born in America. Retrieved from http://www.inc.com/magazine/201502/adam-bluestein/the-most-entrepreneurial-group-in-amcrica-wasnt-born-in-america.html

Nicolaou, N., Shane, S., Adi, G., Mangino, M., & Harris, J. (2011). A polymorphism associated with entrepreneurship: Evidence from dopamine receptor candidate genes. *Small Business Economics, 36*(2), 151–155.

Kohut, A., Wike, R., Horowitz, J. M., Poushter, J., Barker, C., Bell, J., & Gross, E. M. (2011). *The American-Western European values gap.* Washington, DC: Pew Research Center.

Intergovernmental Panel on Climate Change. (2014). IPCC, 2014: Summary for policymakers. In *Climate change 2014: Mitigation of climate change* (Contribution of Working Group III to the Fifth Assessment Report of the Intergovernmental Panel on Climate Change). New York, NY: Cambridge University Press.

Kurzweil, R. (2005). *The singularity is near: When humans transcend biology*. New York: Penguin.

Eiben, A. E., & Smith, J. E. (2003). *Introduction to evolutionary computing* (Vol. 53). Heidelberg: Springer.

Lino, M. (2014). Expenditures on children by families, 2013. Washington, DC:U.S. Department of Agriculture.

Roser, M. (2017, December 2). Fertility rate. *Our World In Data*. Retrieved from https://ourworldindata.org/fertility/

McRobbie, L. R. (2016, May 11). 6 Creative ways countries have tried to up their birth rates. Retrieved from http://mentalfloss.com/article/33485/6-creative-ways-countries-have-tried-their-birth-rates

Ranasinghe, N., Nakatsu, R., Nii, H., & Gopalakrishnakone, P. (2012, June). Tongue mounted interface for digitally actuating the sense of taste. In *2012 16th International Symposium on Wearable Computers* (pp. 80–87). Piscataway, NJ: IEEE.

Project Nourished—A gastronomical virtual reality experience. (2017). Retrieved from http://www.projectnourished.com
Burns, J. (2016, July 15). How the "niche" sex toy market grew into an unstoppable $15B industry. Retrieved from http://www.forbes.com/sites/janetwburns/2016/07/15/adult-expo-founders-talk-15b-sex-toy-industry-after-20-years-in-the-fray/#58ce740538a1

第七章　和諧

Lee, K. E., Williams, K. J., Sargent, L. D., Williams, N. S., & Johnson, K. A. (2015). 40-second green roof views sustain attention: The role of micro- breaks in attention restoration. *Journal of Environmental Psychology, 42,* 182–189.
Mooney, C. (2015, May 26). Just looking at nature can help your brain work better, study finds. *Washington Post.* Retrieved from https://www.washingtonpost.com/news/energy-environment/wp/2015/05/26/viewing-nature-can-help-your-brain-work-better-study-finds/
Raskin, A. (2011, January 4). Think you're good at multitasking? Take these tests. *Fast Company*. Retrieved from https://www.fastcodesign.com/1662976/think-youre-good-at-multitasking-take-these-tests
Gloria, M., Iqbal, S. T., Czerwinski, M., Johns, P., & Sano, A. (2016). Neurotics can't focus: An in situ study of online multitasking in the workplace. In *Proceedings of the 2016 CHI Conference on Human Factors in Computing Systems*. New York, NY: ACM.
Killingsworth, M. A., & Gilbert, D. T. (2010). A wandering mind is an unhappy mind. *Science*, *330*(6006), 932–932.
Robinson, K. (2015, May 8). Why schools need to bring back shop class. *Time*. Retrieved from http://time.com/3849501/why-schools-need-to-bring-back-shop-class/
TINYpulse. (2015). *2015 Best Industry Ranking. Employee Engagement & Satisfaction Across Industries.*